四季蔬菜力

煎煮炒炸蒸，搭配常備食材、高湯，簡單蔬菜口味變化多

飛田和緒

本書為連載了五年的專欄集結成書。雖說是工作，但每次遇到美味的當季蔬菜，都會心生感激，而且從經典的料理到嶄新的挑戰，非常多的食譜由此誕生。其中讓我確實感受到的是，只要備齊多樣食材，就算不使用調味料，也可以做得好吃。減少預計使用的調味料種類、調味變得簡單，烹煮時也只使用一個湯鍋或是一個平底鍋，這樣的食譜逐漸多了起來。

第一章介紹的，是我們家經典的蔬菜吃法。例如炸物，我會選擇最不費工的調理方法。我的廚房裡必備炸油與麵糊，就可以隨時做乾炸蔬菜或天婦羅等炸物。另外，蒸煮其實也非常簡單。只要有蒸籠或蒸鍋，把蔬菜放進去就好了。蒸煮的時候可以混合調味料製作出醬汁，到時和熱騰騰的蔬菜一起大快朵頤。我們家使用蒸籠的頻率高，所以平常不會收起來，而是放在隨時可以取用的地方。我認為，把常用的工具放在身邊，也是實踐不勉強自己煮飯做菜的一環。

第二章與第三章，則是介紹許多一、兩種蔬菜就能簡單完成的料理。調味料選用不多，也都是熟悉的味道，但花一點點心思，就變得驚人地好吃，給人耳目一新的感覺。只要蔬菜好吃，就不會有問題。帶領大家往不費力也能吃出蔬菜美味的方向走。冰箱裡一定會有雞蛋、魩仔魚、醃梅子、竹輪等庫存，與蔬菜搭配便會有滋有味，是能帶出蔬菜鮮味、我最喜歡的食材。喜歡的食材與蔬菜組合起來，會產生數不清的變化。我一向主張「喜歡的食材組合起來，一定就會好吃」。懷抱著這樣的想法，每天開心地思考創新的搭配。

有位編輯前輩說過的話，我一直銘記在心：「現在的食材味道比以前高一大截，好吃多了。」不管是蔬菜還是肉類，生產過程不斷改進，處理起來更為方便，直接吃也非常美味的食物增加了。因此，烹調方式與調味變得簡單，其實也許是理所當然。讓好吃的蔬菜更好吃。我希望能持續做出這樣的料理。

飛田和緒

第一章 我喜歡的蔬菜吃法

一年四季都愛鍋物 ……8

可以吃到蔬菜的什錦飯 ……14

炸物是我的拿手菜 ……18

蒸煮料理是蔬菜的好夥伴 ……22

第二章 當季的美味 簡單的蔬菜料理

春

春天高麗菜 ……28

初春馬鈴薯 ……30

油菜花 ……32

初春洋蔥 ……34

竹筍 ……36

綠蘆筍 ……38

甜豆 ……40

韭菜 ……42

春季常備菜

微甜甘煮青豆仁 ……44

甜醋醃泡初春洋蔥與初春胡蘿蔔 ……45

夏

蕃茄 ……46

茄子 ……48

青椒 ……50

玉米 ……52

毛豆 ……54

苦瓜 ……56

櫛瓜 ……58

秋葵 ……60

辛香料 ……62

夏季常備菜

佃煮苦瓜 ……64

甜蕃茄醬 ……65

秋

蓮藕……66

馬鈴薯……68

山藥……70

菇類……72

芋頭……74

大頭菜……76

栗子……78

秋季常備菜
醬油煮地瓜……80
鹽漬菇類……81

冬

白蘿蔔……82

白菜……84

菠菜・小松菜……86

蔥……88

綠花椰……90

白花椰……92

牛蒡……94

冬季常備菜
簡易韓式白蘿蔔……97
泡菜……96
香橙鹽漬白菜

第三章 蔬菜＋常備食材，簡單又美味

＋蛋……100

＋培根、午餐肉……102

＋魩仔魚乾、新鮮魩仔魚……104

＋醃梅子……106

＋魚板、竹輪……108

我們家的白水高湯……110

封面的食譜……112

我的愛用調味料……111

本書統一標記

· 1 大匙 =15 毫升，1 小匙 =5 毫升，1 杯 =200 毫升，1cc=1 毫升。
· 沒有特別註明的話，平底鍋使用的是直徑 26 公分大小。
· 微波爐的加熱時間是以 600 瓦為基準。500 瓦為 1.2 倍，700 瓦為 0.8 倍，可以約略用這個標準調整加熱時間。此外，不同的機種也多少會有差異。
· 烤箱、小烤箱的烘烤時間都是約略大概，視狀況來加熱即可。
· 內蓋可以鋁箔紙或烘焙紙依照湯鍋或平底鍋直徑裁切來使用。
· 材料中的「油」，使用玄米油（見 p.111）或油菜籽油等味道不強的種類。「砂糖」就是上白糖或蔗糖。可以使用自己喜歡的品項。
· 炸油的溫度是以中火加熱鍋中的油 2～3 分，用乾燥的筷子接觸，看油的狀況來判斷。中溫（170～180℃）= 筷子周圍立刻冒出許多細泡。
· 薄口醬油鹽度較高、較鹹，但顏色較淡，適合用在不想改變食材顏色的料理；濃口醬油是一般醬油，鹽度較低，但顏色較深。

第一章
我喜歡的蔬菜吃法

這裡要介紹自己「好想吃蔬菜！」時，常常會出現在餐桌上的四種料理方式。

鍋物、什錦飯、炸野菜，以及蒸蔬菜。

這四種料理方式的共通點，是「不知不覺就會攝取許多蔬菜」。

不用大費周章，又是人人愛的口味，所以能夠自然而大量地吃下肚。

看到家人大口咀嚼蔬菜的樣子，更是令人喜悅。

什錦飯

「對喜歡米飯的我來
說，使用當季蔬菜煮
成的什錦飯，真是美
味無比。」

鍋物

「能夠簡單而不浪費
地烹煮蔬菜，在我們
家是任何季節都不可
或缺的存在。」

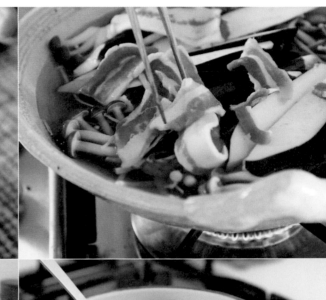

蒸蔬菜

「運用簡單的烹調手
法，就能濃縮出蔬菜的
精華，是我愛做這道料
理的理由。」

炸野菜

「正因為在家裡，才是
真正的現炸。當成下酒
菜更是對味。」

一年四季都愛鍋物

簡單又美味的鍋物，不只是冬天，一年四季都會想吃。以下介紹我們家已經不知道做過多少次的三種經典鍋物料理。

材料（2～3人份）
豬里肌火鍋肉片（涮涮鍋用）
……………………… 200 克
蔥 ………………………… 4 支
高湯（依個人喜好）（昆布飛魚高湯〈做法參照如下〉等）
……………………… 4 杯
魚醬油（見 p.111，也可使用魚露）
……………………… 2 小匙
鹽 …………………… 1/2 小匙
辛香配料（依個人喜好）（蘿蔔辣椒泥、柚子胡椒、七味辣椒粉、山椒粉等）…………… 各別適量
烏龍麵（依個人喜好）（乾麵・細麵）、酸橙切片 ……… 各適量

做法

❶ 蔥斜切成薄片，稍微拌開。高湯倒入鍋中，中火煮滾後，加入魚醬油和鹽。

❷ 再煮滾後，加入適量的蔥。展開的肉片適量下鍋，顏色變白後，捲入蔥，沾取自己喜歡的配料食用。剩下的高湯可自行加入煮好的烏龍麵加熱，也可再擠上酸橙汁來食用。

昆布飛魚高湯

材料（容易製作的份量）與做法

❶ 鍋中放入昆布（約 20 公分長）、烤飛魚 2 尾、水 5 杯。浸泡一晚後的水可以當成「白水高湯」，用於味噌湯等料理（參照 p.110）。

❷ 步驟 1 的昆布和飛魚再放回鍋裡，另外加入乾淨的水 5 杯。煮滾後，一邊撈去浮沫，繼續再煮 5 分鐘，然後放涼。

❸ 將廚房紙巾鋪在濾網上，過濾高湯。可以放冷藏保存 2～3 天。

＊如果沒有烤飛魚，也可以使用柴魚片。水 5 杯對上一小撮柴魚片（8～10 克）即可。

「滿滿的青蔥薄片燉煮後香甜濃郁，氽燙則清脆爽口。想怎麼吃，就怎麼吃。」

青蔥滿滿的豬肉涮涮鍋

1/3 份含 **205** 大卡、鹽 **0.6** 克

「加入三種菇類，香氣四溢的火鍋。茄子及辛香配料等平常不太會當成火鍋料的食材，也深獲好評。」

簡易烤米球

火鍋料吃光後的完美收尾。
一口的大小易於吞下，
看起來也可愛。

1/3 份含 **189** 大卡、鹽 **0** 克

材料（容易製作的份量）與做法

❶ 剛煮好的一杯米，用擀
麵棍等工具搗出黏性。

❷ 太白粉和水各 1 大匙攪
拌均勻。等到白飯溫度降至
不燙手後，用手沾取太白粉
水，將白飯做成一口大小的
圓球。

❸ 平底鍋以中火加熱，放
入步驟 **2** 的圓球，煎至稍
微著色（也可以用小烤箱來
烤）。放入砂鍋中煮一下。

＊烤米球放入冷凍專用保存
　袋，可冷凍保存約 1 個月。
　吃的時候直接入鍋，加熱解
　凍即可。

香噴噴的菇類
與茄子火鍋

1/3 份含 **176** 大卡、鹽 **0.3** 克

材料（2～3 人份）
舞菇　　　1 包（約 100 克）
鴻喜菇　　1 包（約 100 克）
金針菇　　1 包（約 100 克）
茄子 ……………………… 2 顆
茗荷 ……………………… 2 顆
鴨兒芹 …………………… 1 把
豬五花薄片 ……… 100 克
昆布高湯（見 p.110）　5 杯
鹽 ………………………… 1 小匙
魚醬油（見 p.111，也可使
用魚露）……… 1～2 小匙
酢橘（依個人喜好）　適量

做法

❶ 鴻喜菇切除菇根，金針
菇切除根鬚，連同舞菇一
起，大致剝散。茄子去除
蒂頭，縱切成 6 條，泡水
約 5 分鐘。茗荷縱切薄片。
豬五花縱切成半。

❷ 昆布高湯倒入砂鍋中，
以中火加熱後放入菇類，蓋
上鍋蓋燉煮 7 ～ 8 分鐘。
菇類煮熟後，吸乾茄子水
分，連同肉片一起放入鍋
中。茄子煮軟後，加入鹽和
魚醬油調味。

❸ 熄火，放入鴨兒芹和茗
荷，蓋上鍋蓋燜一下。上桌
取用，依個人喜好擠上切半
的酢橘汁。

蕃茄壽喜燒

1/3 份含 511 大卡 鹽 3.0 克

材料（2〜3人份）
蕃茄（中玉蕃茄或水果蕃茄）
……………………6〜8顆（約250克）
牛肉薄片（壽喜燒用）……300克
麵麩 …………… 3個（約15克）
蒟蒻麵 ………… 1包（約200克）
砂糖、醬油 ……………各3大匙
昆布高湯（見p.110，或者清水也可）
………………………………… 約1/2杯
牛脂 ………………………… 1塊
（沒有的話可以用油1大匙）
蛋液………………… 2〜3顆份

做法

❶ 麵麩置於容器中，用水蓋過，放置約10分鐘。瀝乾後切成容易入口的大小。牛肉置於室溫中10〜15分鐘。蒟蒻麵用熱水汆燙後瀝乾，切成小段。蕃茄去除蒂頭，縱切成半或三等份的扇形。

❷ 牛脂放入壽喜燒鍋中，以中火加熱，脂肪開始融化時，放入展開的牛肉片，快速地兩面都煎一下。肉還沒熟之前加上砂糖和醬油，集中到鍋子的一邊。

❸ 放入蕃茄、麵麩和蒟蒻麵，倒入1/4杯昆布高湯。蓋上鍋蓋4〜5分鐘，將蕃茄稍微煮到爛（期間若昆布高湯變少，可以再適量加入）完成。沾取蛋液來享用。

「我們家就算夏天也常常吃壽喜燒。加入蕃茄口感清爽，是適合炎熱夏季的口味。」

可以吃到蔬菜的什錦飯

對喜歡吃飯的我來說，使用當季蔬菜煮出的什錦飯，是無上幸福的滋味。以下介紹四種做法簡單，一不小心就會吃太多的什錦飯。

根莖與菇類的什錦飯

1/4 份含 **306** 大卡、鹽 **1.8** 克

材料（2～3 人份）
米 …… 2 杯（360 毫升）
蓮藕（小）
………… 1/2 節（約 70 克）
牛蒡 … 1/2 支（約 70 克）
鴻喜菇
………… 1 大包（約 200 克）
酒、醬油 ……… 各 1 大匙
鹽 ………………… 3/4 小匙
鴨兒芹、酢橘（依個人喜好）
………………… 各適量

做法

❶ 開始煮飯至少半小時前就洗好米瀝乾備用。蓮藕削皮、縱切成四等份，再切成 4 公分厚的小塊。牛蒡連皮用菜瓜布刷洗，切成 3 公分長的細絲。蓮藕和牛蒡一起用水浸泡約 5 分鐘，再吸乾水分。鴻喜菇切除菇根剝散，橫切成一半長。鴨兒芹切碎。酢橘切成扇形。

❷ 米放入電鍋，注水 360 毫升。加入酒、醬油、鹽混合均勻，上面鋪滿牛蒡、蓮藕、鴻喜菇。照一般煮飯的方式煮好，然後從底部快速翻拌均勻。依個人喜好撒上鴨兒芹，擠上酢橘汁。

「使用大量清脆的根菜與美味的鴻喜菇，也很推薦隔天做成烤飯糰來吃。」

茼蒿與牛肉的
甜辣什錦飯

1/4 份含 **418** 大卡、鹽 **1.5** 克

「蠔油風味的什錦飯，拌入略帶苦味的生茼蒿。彈牙的口感，也可以做為主食享用。」

材料（3～4 人份）

米 …… 2 杯（360 毫升）
茼蒿 1/2 把（約 100 克）
牛邊角肉 ………… 150 克
〈預先調味〉
砂糖、酒、醬油、味噌
………… 各 1 大匙
蠔油 ………… 1 小匙

❶ 開始煮飯至少半小時前洗好米瀝乾備用。牛肉切成容易入口的大小，用預先調味的醬料醃製約 10 分鐘。茼蒿摘取嫩葉＊部分使用。

❷ 米放入電鍋，注水 360 毫升。放上牛肉，照一般煮飯的方式煮好，茼蒿撕成大片入鍋，再燜 1 分鐘左右，然後從底部快速翻拌均勻。

＊剩下的茼蒿莖可以切碎熱炒，或是做為味噌湯的配料。

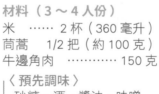

預先調味好的生牛肉直接放進去一起煮，非常簡單。

飯煮好後加入茼蒿，增添香氣。

玉米奶油醬油飯

1/4 份含 338 大卡、鹽 2.0 克

材料（3 ～ 4 人份）

米 …… 2 杯（360 毫升）
玉米 … 1 支（約 200 克）
鹽 ……………… 1 小匙
醬油 ……………… 2 小匙
粗粒黑胡椒 ………… 適量
奶油 ……… 1 又 1/2 大匙

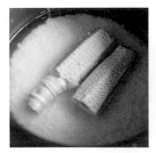

放入玉米芯一起煮出高湯，讓飯更好吃。

濃郁的奶油醬油風味，滲入一粒粒熱騰騰的米飯中。

做法

❶ 開始煮飯至少半小時前洗好米瀝乾備用。用菜刀鋸下玉米粒（實際上約 150 克），用手剝散。玉米芯切成兩段。米放入電鍋，注水超過 360 毫升。加入鹽稍微拌勻，放入玉米芯（放入玉米芯後大約是 2.5 杯刻度的水量，不夠的話可以再加水）。不要混合，照一般煮飯的方式煮好。

❷ 奶油放入平底鍋，以中火加熱，加入玉米粒翻炒約 2 分鐘。倒入醬油快速翻炒後熄火。飯煮好之後，取出玉米芯，趁熱將炒好的玉米粒倒入混合，裝撒上粗粒黑胡椒完成。

「剛煮好熱騰騰的飯，搭配滿滿用奶油醬油炒過的玉米。擁有比一般玉米飯更濃郁的香氣，讓人一口接一口。」

整顆蕃茄與梅子
的砂鍋什錦飯

1/4 份含 **280** 大卡、鹽 **0.5** 克

材料（3～4 人份）

米 ……… 2 杯（360 毫升）
蕃茄 …… 1 顆（約 150 克）
醃梅子（大・含鹽分 15%）
………………………… 1 顆
昆布高湯（見 P.110）
………………………… 1 又 1/2 杯
鹽 ………………………… 2 小撮

做法

❶ 米洗好瀝乾。蕃茄去除蒂頭。砂鍋＊中放入米、昆布高湯、鹽，混合均勻後放上蕃茄與醃梅子，蓋上鍋蓋，浸泡約 30 分鐘。砂鍋以強中火加熱 3～4 分鐘，煮滾後把火關小，繼續蒸煮 10～12 分鐘。熄火，燜約 5 分鐘。

❷ 飯煮好之後，取出醃梅子的籽，剝去蕃茄外皮。將蕃茄與梅子快速搗爛，然後從底部翻拌均勻。

＊如果使用電子鍋，就要在開始煮飯至少半小時前洗好米瀝乾備用。在按下煮飯開關前將材料放入內鍋，照一般煮飯的方式煮好。

「一整顆當季的蕃茄，『咚』地放在白米上。蕃茄的甜與梅子的酸，清爽的口味讓人停不下來。」

17

炸物是我的拿手菜

我非常喜歡在家「油炸」。能夠將蔬菜炸熟又不損及風味，而且現炸的口感是再美妙也不過了。

究極的薯條

1/3 份含 **89** 大卡、鹽 **0.3** 克

整顆馬鈴薯用微波爐蒸好之後切開來油炸。不用擔心沒熟透，口感也很特別。

材料（2～3 人份）

馬鈴薯（男爵）
‥‥‥‥‥‥ 2 顆（約 300 克）
鹽 ‥‥‥‥‥‥‥‥‥ 少許
炸油 ‥‥‥‥‥‥‥‥ 適量

做法

❶ 將馬鈴薯洗乾淨，不用擦乾水分，直接放到可微波的耐熱容器中，稍微用保鮮膜包起，放入微波爐加熱 5 分鐘，並用餘熱燜上約 2 分鐘。大致放涼後去皮，切成扇形。

❷ 炸油加熱至中溫（170～180℃。見 p.5），放入馬鈴薯油炸 3～4 分鐘至酥脆，撒上鹽完成。

「用這種方法料理，可以將表面炸得香噴酥脆，超級好吃。就算放久一點也不會軟掉。」

油菜花與裙帶菜
的酥脆炸什錦

1/3 份含 130 大卡、鹽 0.2 克

「微苦的油菜花與裙帶菜做成炸什錦。薄脆麵衣咬下去的香酥口感，真讓人食指大動。」

材料（2～3 人份）

油菜花 …… 6 支（約 100 克）
切段裙帶菜（乾燥） …… 5 克
麵粉 ………………………… 適量
蛋液 ………………… 1/2 顆份
鹽 ………………………… 適量
炸油 ……………………… 適量

做法

❶ 裙帶菜用足夠的水浸泡約 5 分鐘，泡開後吸乾水分，撒上大量麵粉，再將多餘的麵粉抖掉。油菜花切除根部較硬的部分，橫切成一半長，吸乾水分。

❷ 蛋液倒入容器中，加入冷水 3 大匙，攪拌均勻。加入 1/4 杯麵粉，快速混合做成麵糊。

❸ 炸油加熱至中溫（170～180℃。見 p.5）。將 1/6 份量的裙帶菜與油菜花放進量杯等較小的容器，淋上 1 大匙麵糊稍微拌勻，輕輕放入炸油中。接下來以同樣方式再做 2 份放入炸油中。油炸 3～4 分鐘，不時翻動，起鍋後將油瀝乾。剩下的也是同樣油炸好，裝盤撒上鹽完成。

裙帶菜水分很多，所以要確實沾滿麵粉。春天可以用新鮮的裙帶菜來製作。

將每一次下鍋油炸的蔬菜份量放入量杯中，淋上約 1 大匙的麵糊這樣就可以輕鬆製作出薄脆香酥的麵衣。

「不裹麵衣的油炸不但簡單，根莖類蔬菜的清脆口感、濃郁的滋味享受，都讓我非常喜歡。加上雞翅就是非常下飯的配菜。」

甜辣油炸根莖蔬菜與雞翅

1/3 份含 342 大卡、鹽 2.8 克

材料（2〜3 人份）
牛蒡（小）
…………1 支（約 120 克）
蓮藕（大）
…………1/2 節（約 120 克）
雞翅 …… 8 隻（約 450 克）
〈甜辣醬汁〉
　薑汁 …………… 1 片份
　醬油 …………… 3 大匙
　味醂、水 …… 各 2 大匙
　酒、蜂蜜 …… 各 1 大匙
炸油 ………………… 適量

做法

❶ 牛蒡用菜瓜布刷洗，連皮斜切成 5 公分厚的薄片。蓮藕洗淨，連皮切成圓薄片。一起用水浸泡約 5 分鐘，吸乾水分。雞翅內側沿著骨頭縱切一刀。

❷ 使用小湯鍋調製甜辣醬汁，倒入味醂與酒，以中火加熱約 1 分鐘，煮滾後熄火。將其他甜辣醬汁的材料全部加入，攪拌均勻後倒入容器。

❸ 炸油加熱至中溫（170〜180℃。見 p.5），放入蓮藕與牛蒡油炸約 3 分鐘至酥脆，將油瀝乾，趁熱倒入裝有步驟 2 的容器拌勻。接著將雞翅水分吸乾，放入中溫油鍋，油炸 8 〜 10 分鐘，不時翻面。雞翅炸至焦糖色後將油瀝乾，同樣倒入容器拌勻醬汁。

鬆軟的大頭菜天婦羅

1/3 份含 104 大卡、鹽 0.2 克

「油炸的新鮮大頭菜，是一道鬆軟口感的佳餚。大頭菜的甜味在嘴裡散開，不管多少都吃得下。」

材料（2～3 人份）

大頭菜根部
……………2 顆（約 170 克）
〈麵糊〉
　市售天婦羅粉　…… 1/3 杯
　水　…………… 3～4 大匙
鹽 ………………………… 適量
炸油 ……………………… 適量

做法

❶ 大頭菜洗淨，連皮縱切成 6～8 等份的扇形，吸乾水分。

❷ 麵糊的材料倒入容器中，混合成還留有一些粉末的感覺。

❸ 炸油加熱至中溫（170～180℃。見 p.5）。大頭菜沾滿麵糊後下油鍋，不時翻面，油炸 3～4 分鐘後將油瀝乾。裝盤後沾鹽食用。

酸奶油醬

柚子胡椒油

味噌美乃滋醬

辛香料醬

蒸煮料理是蔬菜的好夥伴

要完整享受蔬菜的美味，「蒸煮」是最好的方式。熟悉蒸籠的使用後就變得很簡單，用湯鍋或平底鍋油蒸也相當推薦。

「雖然很簡單，但上桌後卻感覺澎湃，這應該就是蒸籠的力量吧！將家中現成的根莖類蔬菜或薯類搭配組合，就能成為一道料理。」

材料（2～3人份）

蓮藕（小）……………… 1 節
馬鈴薯 ……………… 2 顆
胡蘿蔔（小）………… 1 條
新鮮香菇 ………… 3～4 朵

鬆軟的蒸煮根莖蔬菜與菇類

1/3 份含 **178** 大卡、鹽 **1.1** 克

做法

❶ 大鍋裝滿熱水煮沸。蓮藕洗淨，連皮切成 1 公分厚的圓片。馬鈴薯削皮，縱切成 4～6 等份。胡蘿蔔削皮，切成 1 公分厚的圓片。香菇切除菇根，縱切成半。將香菇之外的其他根莖蔬菜擺放在蒸籠內。

❷ 大鍋冒出足夠蒸氣後，放上蒸籠。蒸到蓮藕能用竹籤穿過後，放入香菇。蓋回鍋蓋，以中火再蒸約 3 分鐘。

享用蒸蔬菜的四種醬料

【味噌美乃滋醬】

味噌與美乃滋各 1 大匙混合均勻。

【辛香料醬】

蔥 5 公分切碎、蒜頭 1/2 瓣切碎、醬油 1～1 又 1/2 大匙、胡麻油 1 大匙混合均勻。

【柚子胡椒油】

柚子胡椒 1/2 小匙與橄欖油 1 大匙混合均勻。

【酸奶油醬】

蔥末少許、酸奶油 2 大匙、鹽少許、粗粒胡椒少許混合均勻。

淡味高湯浸泡

高湯蒸白蘿蔔

1/4 份含 27 大卡、鹽 0.4 克

材料（容易製作的份量）
蒸白蘿蔔（見右方做法）
.... 6～7 塊
〈湯汁〉
高湯（見 P.110）
.... 2 又 1/2 杯
鹽 .... 1/3 小匙

做法
蒸白蘿蔔與湯汁的材料放入鍋中以中火加熱。煮沸後轉小火，再煮約 10 分鐘後熄火。直接放涼入味。

＊連同湯汁一起放入密封容器中，可以冷藏保存約 4 天。

加上香橙風味的甜味噌

香橙味噌
蒸白蘿蔔

1 人份含 67 大卡、鹽 1.1 克

材料（2～3 人份）
蒸白蘿蔔（見右方做法） 2 塊
味酥、味噌 .... 各 2 大匙
砂糖 .... 1～2 大匙
香橙皮細絲 .... 1/2 顆份

做法
使用小湯鍋倒入味酥，以中火加熱約 1 分鐘煮沸。加入味噌、砂糖，攪拌約 2 分鐘，熄火倒入香橙皮 1/2 份量混合均勻。蒸白蘿蔔裝小盤，一個容器裝一塊，香橙味噌分成兩份淋上，再放上剩餘的香橙皮。

蒸白蘿蔔

1 份含 153 大卡、鹽 0 克

材料（容易製作的份量）
白蘿蔔（小）1 條（約 1 公斤）

做法
❶ 湯鍋裝水八分滿，以大火加熱至煮沸。白蘿蔔外皮削厚一點，切成 3 公分厚的圓片，平面稍微劃出十字。蒸籠鋪上烘焙紙，擺放入白蘿蔔。

❷ 湯鍋內的水煮沸後，架上蒸爐，蓋上蓋子，以中火蒸煮 40～50 分鐘。用竹籤穿刺看看，能夠輕鬆穿過就是蒸好了。

「白蘿蔔蒸煮後能夠去除澀味，增加甘甜與風味。也可以一次蒸好用高湯醃漬保存。」

「使用鍋蓋可以密合的湯鍋或平底鍋進行油蒸。因為只利用蔬菜的水分蒸煮，味道意外地甘甜。」

油蒸油菜花與蛤蜊

1/3 份含 247 大卡、鹽 1.5 克

材料（2～3 人份）
高麗菜（小）
………… 1/4 顆（約 200 克）
油菜花
………… 1/2 把（約 100 克）
蛤蜊（帶殼・已吐沙）
……………………… 200 克
培根 ……………… 2 片
蒜頭薄片 ………… 1 瓣份
鹽 ……………………… 適量
橄欖油 ……………… 2 大匙

做法
❶ 高麗菜去除堅硬的菜心，撕成大片的一口大小。油菜花去除堅硬的根部，花蕾部分切開，菜莖稍微削皮。培根切成 2 公分寬小塊。蛤蜊置於掌心互相搓洗，瀝乾水分。

❷ 使用直徑約 20 公分的厚湯鍋或深平底鍋，按照順序疊放加入高麗菜、蛤蜊、培根、蒜頭、油菜花。淋上橄欖油，蓋上鍋蓋以中火加熱。

❸ 煮沸後將中火轉弱一點，再蒸煮約 10 分鐘，不時搖動鍋子。等到蛤蜊全部開口，混合均勻後撒鹽調味。

「如果要挑一種蔬菜來做油蒸，綠花椰相當適合。蒸蔬菜冷凍起來也可用於製作義大利麵醬。」

油蒸綠花椰

1/3 份含 88 大卡、鹽 0.6 克

材料（2～3 人份）
綠花椰 … 1 棵（約 300 克）
蒜頭 ……………………… 1 瓣
鹽 ……………………… 2 小撮
橄欖油 ………… 1 又 1/2 大匙

做法
❶ 使用木鏟壓碎蒜頭。綠花椰分成小朵，菜莖外皮削厚一點，切成一口大小。

❷ 使用直徑約 20 公分的厚湯鍋或深平底鍋，放入綠花椰與蒜頭，淋上橄欖油，撒上鹽。蓋上鍋蓋以中火加熱，蒸氣冒出後將中火轉弱一些，蒸煮約 6 分鐘。

＊放入密封容器中，可以冷藏約 4 天。

第二章
當季的美味 簡單的蔬菜料理

搬到海邊的城鎮，已經超過 15 年。

食材幾乎都是在當地的直賣所或市場購買。市場裡賣的全是當季當地的食材。

鮮嫩的蔬菜讓人充滿感動，訝異的是剛採摘下來與放久之後的味道完全不同。

食材的變換告知了我們季節的輪替。

在這樣的生活中，我處理蔬菜的方式也自然地產生變化。

為了展現蔬菜的風味，採用的料理方法越來越簡單。

接下來看到的是我所累積下來，以季節分類的蔬菜食譜。

春

「只有在萬物萌芽的時節才會遇見，
令人期待的柔嫩與青澀。」

「鬆軟可口的根菜與香氣四溢的菇類，
勾引出下廚的欲望。」

秋

夏

「夏季蔬菜水嫩澎湃、豐富多彩，
讓人充滿元氣。」

「香甜美味又份量十足的冬季蔬菜，
從葉到根都是好味道。」

冬

材料（2～3人份）
春天高麗菜葉（大）
········ 3～4片（約300克）
初春胡蘿蔔 1/3條（約50克）
豬肩里肌薄片 ········ 150克
〈醬汁〉
　砂糖、酒、醬油
　········· 各1大匙
　鹽 ········· 1小撮
巴薩米克醋（一般醋亦可）
·········1/2小匙
初春胡蘿蔔葉（如果有的話）
··········· 適量
鹽、胡椒 ········· 各少許
麻油 ········· 2小匙

做法

❶ 胡蘿蔔削皮切絲，若有葉子可以切碎。胡蘿蔔撒鹽放置，出水後稍微擠乾。加上胡椒、巴薩米克醋、碎胡蘿蔔葉拌勻。

❷ 高麗菜切成6～7公分的正方形，2～3片疊在一起置於盤中。豬肉切成2公分寬小塊。醬汁的材料混合均勻。

❸ 平底鍋加入麻油，以中火加熱，放入豬肉炒至變色。加入醬汁快炒。在高麗菜放上步驟❶的胡蘿蔔與肉各適量。

春天高麗菜

先從生菜開始。熱炒的話，動作快是關鍵。

春

春天高麗菜包炒肉

1/3份含 197 大卡、鹽 1.4 克

「葉面切得大片些，放上甜辣調味的炒豬肉片與初春胡蘿蔔，豪邁地一口咬下。」

葉形蓬鬆、柔軟水嫩的春天高麗菜，只有春季才吃得到這種柔嫩口感，所以生吃是第一首選。若要蒸煮熱炒，時間以縮短爲上。

春天高麗菜炒鰯仔魚與雞蛋

1 份含 222 大卡、鹽 1.6 克

「想要突顯清脆口感,所以只快炒一下。搭配鰯仔魚,是非常適合春天的菜餚。」

材料（2 人份）

春天高麗菜　1/4 顆（約 180 克）
熟鰯仔魚　……………………　1/4 杯
〈蛋液〉
　雞蛋　…………………………　2 顆
　砂糖　…………………………　2 小撮
鹽　………………………………　適量
魚醬油（見 p.111,也可使用魚露）、
胡椒　…………………………　各少許
橄欖油　…………………………　2 大匙

做法

❶ 高麗菜切成大片的一口尺寸。蛋液的材料混合均勻。

❷ 平底鍋加入橄欖油 1 大匙,以較強的中火加熱,倒入蛋液攤平攪拌,煎至半熟後暫時起鍋。

❸ 平底鍋再加入橄欖油 1 大匙,以中火加熱,加入高麗菜與鹽 2 小撮翻炒。炒軟後,加入鰯仔魚及半熟蛋快炒一下,以少許鹽、胡椒、魚醬油調味完成。

橫須賀沙拉

1 人份含 111 大卡、鹽 1.5 克

材料（2 人份）

春天高麗菜 1/6 顆（約 120 克）
火腿　………………………　1 片
洋芋片（薄鹽味）　……　6 片
白酒醋（一般醋亦可）　1 小匙
鹽　………………………　2 小撮
胡椒　………………………　少許
橄欖油　……………………　2 小匙

做法

❶ 高麗菜切成 2 公分見方小塊。火腿切半,然後切成 5 公釐寬的細絲。

❷ 容器放入高麗菜與火腿,加入鹽、胡椒、白酒醋、橄欖油,翻拌均勻。洋芋片用手捏碎撒上,翻拌混合。

「住在橫須賀的媽媽友人教我的沙拉。加入洋芋片?真是讓人驚訝,但卻意外地越吃越有味。」

初春馬鈴薯

連皮一起慢慢烤熟，味道不會變調。

春

材料（2～3 人份）

初春馬鈴薯
………… 4～5 顆（約 200 克）
蒜頭 ………………………… 1 瓣
酸奶油 …………………… 1/4 杯
鯷魚（無骨魚片）……… 2 塊
百里香 ……………… 1～2 支
鹽 ………………………… 少許
橄欖油 …………………… 2 大匙

做法

❶ 初春馬鈴薯連皮洗淨，切成厚度 1 公分的圓片。蒜頭用木鏟壓碎。鯷魚片切碎，與酸奶油混合攪拌均勻。

❷ 平底鍋加入橄欖油，以中火加熱，蒜頭與馬鈴薯擺放入鍋。撒上鹽，煎至兩面呈現焦色，竹籤能夠輕鬆刺穿（蒜頭燒焦了的話則從鍋中取出）。

❸ 起鍋前放入百里香增添香氣。盛盤後加上步驟 ❶ 的酸奶油。

香煎初春脆薯佐鯷魚酸奶油

1 份含 237 大卡、鹽 0.8 克

水分飽滿的初春馬鈴薯，如果用一般馬鈴薯的烹調方式，做出來味道會變淡。做過許多不同的嘗試，最後決定使用這個方法。整顆連皮使用也會讓味道變好。

「烤出香味是好吃的祕訣。鯷魚的鮮味與酸奶油的酸味非常搭配。」

「食材入鍋後，倒入足量冷油烹煮即可。初春馬鈴薯超級濕潤，豬肉柔嫩無比！」

油蒸初春馬鈴薯與豬肉

1 份含 512 大卡、鹽 1.9 克

材料（2 人份）

初春馬鈴薯（大）
………… 2 顆（約 250 克）
豬里肌（豬排用肉）
………… 2 塊（約 250 克）
蒜頭 ………………… 2 瓣
鹽、粗粒黑胡椒、法式芥末醬
………………………… 各適量
橄欖油 ……………… 適量

＊玄米油或太白胡麻油亦可。先用廚房紙巾過濾，便可做為沙拉醬調製或熱炒使用。

做法

❶ 豬里肌在連接脂肪與瘦肉的筋上切個 4、5 刀。鹽 1 小匙均勻撒在肉上，放置約 15 分鐘，吸乾水分。初春馬鈴薯洗淨，連皮切成兩半。蒜頭用木鏟稍微壓碎。

❷ 使用直徑約 18 公分的厚湯鍋，按照初春馬鈴薯、蒜頭、豬肉的順序放入。倒入橄欖油，大概比蓋過材料再少一點的量（約 2 杯）。蓋上鍋蓋，以小火加熱 15 ～ 20 分鐘。

❸ 煮到能用竹籤刺穿初春馬鈴薯後，取出材料將油瀝乾。豬肉切成容易入口的大小，與初春馬鈴薯一起盛盤。撒上少許鹽和粗粒黑胡椒，搭配法式芥末醬或蒜頭食用。

油菜花和風沙拉

1 人份含 **223** 大卡 鹽 **2.4** 克

做成浸泡高湯的浸物來保存。

春

美麗的綠色加上些微的苦味。油菜花一上桌，就會感覺到我們心中等待的春天已經來到。我喜歡在油菜花新鮮的時候汆燙，然後做成浸物保存。可以當成常備菜立即使用，非常方便。

「高湯醬油浸泡的油菜花，與美乃滋超級合拍。可以搭配各種顏色的春季蔬菜。」

材料（2 人份）

「油菜花浸物」（見下方）
……… 7 ～ 8 支（約 100 克）
春天高麗菜葉
……… 3 片（約 150 克）
初春胡蘿蔔
……… 1/2 條（約 70 克）

〈沙拉醬〉
美乃滋 …………………3 大匙
「油菜花浸物」的高湯、橄欖
油 …………………… 各 1 大匙
醬油………………… 1 小匙

做法

❶ 高麗菜芯的部分切成薄片，葉的部分切成一口大小。胡蘿蔔削皮，切成 4 公分長細絲。油菜花稍微瀝乾湯汁，切成 3 ～ 4 公分長。

❷ 湯鍋裝滿足量熱水煮沸，依照順序放入胡蘿蔔、高麗菜，汆燙約 1 分鐘。撈起瀝乾，再擰乾水分，和油菜花一起裝盤。沙拉醬的材料混合均勻，淋上適量後享用。

油菜花浸物

材料（容易製作的份量）與做法

❶ 油菜花 1 把（約 200 克），根部浸泡冷水約 15 分鐘，讓口感變得清脆。根部切除後，將油菜花從根的那頭放進加了少許鹽的熱水中。整株浸泡到花蕾，再次加熱煮沸，然後馬上撈起，將水分瀝乾。

❷ 容器中倒入高湯（見 p.110）1 又 1/2 杯、鹽 1/2 小匙、薄口醬油 2 小匙，混合均勻後放入油菜花浸泡約 30 分鐘入味。

＊連同湯汁一起放入密封容器中，可以冷藏保存 2 ～ 3 天。

32

材料（3～4 人份）

「油菜花浸物」（見 p.32）
……… 8～10 支（約 150 克）
米…………… 2 杯（360 毫升）

〈壽司醋〉

| 醋 ………………………… 4 大匙
| 砂糖 ………………………… 2 大匙
| 鹽 ……………………… 1/2 小匙

乾香菇（泡開）* …… 3～4 朵
雞蛋 ………………………… 3 顆
砂糖 ……………… 1 又 1/3 大匙
醬油 ………………………… 1 大匙
油 ……………………… 適量
熟白芝麻 ………………… 1 大匙

＊用水 1 杯浸泡一晚（浸泡的水留下來）

做法

【甘煮香菇】

乾香菇切除菇柄，約略切小塊，
放入小湯鍋中。倒入浸泡的水，
蓋過香菇，加入砂糖 1 大匙與
醬油，混合均勻。以中火加熱，
煮沸後轉小火，蓋上內蓋（見
p.5），燉煮到湯汁收乾。

【蛋絲】

雞蛋打入容器，加入砂糖 1 小匙
攪拌均勻。玉子燒平底鍋（18
公分 ×12 公分）塗油少許，以
中火加熱。熱鍋後倒入 1/4 份量
的蛋液，轉動鍋子讓蛋液鋪滿鍋
底。凝固後用筷子翻起，快速煎
過另一面。剩下蛋液也用相同方
式煎好蛋皮，放涼後縱切成 2～
3 等份，然後沿著短邊切絲。

【壽司飯】

❶ 開始煮飯 30 分鐘前洗好米瀝
乾備用。米放入電鍋，注水至 2
杯的刻度，照一般煮飯的方式煮
好。壽司醋的材料混合均勻。

❷ 飯煮好之後放入拌飯盆（或
是大型容器），趁熱淋上壽司
醋，用切飯的方式攪拌均勻。用
扇子搧風，讓溫度下降。

❸ 油菜花瀝乾湯汁，切下花蕾
備用。剩餘部分切成 1 公分長，
與香菇、熟白芝麻一起加入壽司
飯混合均勻。盛盤後放上蛋絲，
並用油菜花花蕾裝飾。

油菜花散壽司
1/4 份含 253 大卡 鹽 1.7 克

「散發出油菜花香氣的散壽司。黃色的蛋絲，突顯出春天的感覺。非常適合民俗節日、特殊節慶，以及家族聚會。」

初春洋蔥與羊栖菜沙拉

1/3 份含 **178** 大卡、鹽 **1.1** 克

材料（2～3 人份）

初春洋蔥　1/2 顆（約 100 克）
長羊栖菜（乾）………　25 克
鮪魚罐頭（80 克裝）…　1 罐
鹽 ……………………　適量
美乃滋 …　1 又 1/2 ～ 2 大匙
白酒醋（一般醋亦可）　1 小匙
橄欖油 ………………　1 大匙

做法

❶ 羊栖菜快速清洗過，用足夠的水約浸泡 10 分鐘後撈起，切成容易入口的長短。用熱水稍微燙過，瀝乾水分。初春洋蔥切成 3 公釐寬的細絲，撒上鹽 2 小撮，放置約 5 分鐘。將水分確實擠乾。

❷ 將羊栖菜、初春洋蔥，還有連同汁液的整罐鮪魚倒入容器中快速混合。加入鹽 1/3 小匙、美乃滋、白酒醋、橄欖油攪拌均勻。

初春洋蔥

淋上醋後，立刻突顯出洋蔥的甘甜。

「水嫩的初春洋蔥與羊栖菜沙拉，是每年都會出現的春季經典料理。我們家也會使用在海邊製作，已經燙熟的羊栖菜。」

沒有那麼辣嗆的初春洋蔥，可以生吃也可以炒熟。在春季蔬菜中，可算是最常使用的存在。加上一點醋，就能引出洋蔥的甘甜，爽口又美味。

春

煎豬肉佐炒初春洋蔥

1 份含 **506** 大卡、鹽 **1.8** 克

材料（2 人份）

初春洋蔥　　2 顆（約 400 克）
豬里肌（炸豬排用）
　⋯⋯⋯⋯⋯ 2 塊（約 200 克）

A｜醋、醬油 ⋯⋯ 各 1 小匙
　｜鹽 ⋯⋯⋯⋯⋯⋯1/4 小匙

粗粒黑胡椒 ⋯⋯⋯⋯⋯ 適量
橄欖油 ⋯⋯⋯⋯⋯⋯⋯ 適量

做法

❶ 初春洋蔥縱切成 4 等份，再橫切成 1 公分寬的長條，弄散備用。豬里肌在連接脂肪與瘦肉的筋上切個 4、5 刀，撒上鹽與胡椒。

❷ 平底鍋加入橄欖油少許，以中火加熱，將豬肉擺放入鍋。煎烤 3～4 分鐘至兩面成金黃，置於容器備用。

❸ 將平底鍋的油漬擦乾淨，加入橄欖油 3 大匙，以中火加熱。放入初春洋蔥炒軟。加入 A 再翻炒 2～3 分鐘熄火。豬肉切成容易入口大小後盛盤。放上初春洋蔥，撒上粗粒黑胡椒。

材料（3～4 人份）

米 ……… 2 杯（360 毫升）
糯米 ……1 把（約 30 克）
水煮竹筍（見 p.37） … 1 支
初春胡蘿蔔 1/3 條（約 60 克）
炸豆皮 …………………1/2 片
高湯（見 p.110）…… 約 2 杯
醬油 ……………… 1 大匙
薄口醬油 …………1/2 大匙
鹽 …………………1/2 小匙
山椒嫩葉（如果有的話） 適量

做法

❶ 白米與糯米混合，開始煮飯 30 分鐘前洗好瀝乾備用。竹筍切成 2～3 公分見方的薄片。胡蘿蔔削皮切成 2 公分厚的圓片，然後縱切成薄片，再切成細絲。炸豆皮切半，從切口橫放入菜刀剖成兩片，再大致切碎。

❷ 電鍋放入白米與糯米，注入高湯至 2 杯的刻度。倒入醬油、薄口醬油、鹽，攪拌均勻，鋪上竹筍、胡蘿蔔、炸豆皮，照一般煮飯的方式煮好。煮好後快速拌勻盛盤，如果有山椒嫩葉的話撒上一些。

「自己水煮的竹筍做的什錦飯，滋味特別好。加入少量糯米，就不會太乾硬，可以煮得綿密。添上初春胡蘿蔔的顏色更為多彩，是我家獨有的做法。」

竹筍飯

1/4 份含 350 大卡、鹽 1.9 克

只有三月到五月之間才會出現，帶皮的竹筍。鮮度非常重要，所以趁新鮮的時候煮好保存起來。水煮竹筍十分萬能，湯、飯、炒菜都可以使用。

乾炸竹筍

1/3 份含 **42** 大卡、鹽 **0.2** 克

材料（2〜3人份）
水煮竹筍（見下方，大，根部）
…… 6〜8公分（約150克）
山椒嫩葉 ……………… 適量
麵粉 ……………………… 適量
鹽 ………………………… 少許
油 ………………………… 適量

做法

❶ 竹筍切成1公分厚的圓片。使用厚湯鍋（或是平底鍋），倒入2公分高的油，加熱至中溫（170〜180℃，見p.5。）

❷ 竹筍撒上一層薄薄的麵粉，下鍋油炸2〜3分鐘至微帶焦色。撈起後將油瀝乾，放上足量的山椒嫩葉。撒鹽後享用。

> 「將粗大又口感稍硬的根部簡單油炸一下來吃，就不會感覺到苦味。香氣因為油炸而濃縮，大家一定要試試剛起鍋的風味。」

水煮竹筍

材料（容易製作的份量）與做法

❶ 竹筍在裝滿水的容器中徹底洗淨。底部先用菜刀薄薄削去一層，然後從底部剝開4〜5層外殼。尖端堅硬的部分斜切去除。從切口深深直切一刀。

❷ 整支竹筍放入大湯鍋中，倒水蓋過全部竹筍，加入一把米糠*，以中火加熱。煮沸後將中火轉弱，蓋上內蓋（見p.5）燉煮1小時至1小時30分鐘（期間若是竹筍露出水面，就再補上適量的水。）

❸ 竹籤能夠刺穿根部後，熄火連同湯汁一起放涼。之後用水洗淨，剝去竹筍外殼，直到柔軟的部分露出，泡水半天到一天。

＊沒有米糠的話，水用洗米水代替。

＊冷藏保存於密封容器內，加水至約略蓋過表面。每天換水的話，可保存4〜5天。

材料（2 人份）

義大利麵 …………… 160 克
綠蘆筍 … 6 支（約 120 克）
培根 ……………… 2 片
鰻魚（無骨魚片） 3～4 塊
蒜片 ……………… 1 瓣份
鹽、粗粒黑胡椒 …… 各適量
橄欖油 ……………… 2 大匙

做法

❶ 湯鍋倒入熱水 2 公升煮沸。蘆筍切除約 2 公分根部，用削皮刀從根部往尖端削出帶狀薄片。培根切成 1 公分寬小塊。鍋內的水煮沸後，加入鹽 2 小匙，再放入義大利麵。義大利麵的水煮時間要比包裝上的標示再少約 1 分鐘。

❷ 平底鍋加入橄欖油與蒜片，以小火加熱，爆香後加入培根翻炒約 1 分鐘。加入鰻魚，將魚肉弄碎，翻炒約 1 分鐘。

❸ 義大利麵煮好前約 1 分半鐘，加入蘆筍快速氽燙。用夾子將麵與蘆筍挾到步驟 2 的平底鍋中，不用瀝乾，所有材料混合均勻。鹽少許調味後盛盤，撒上粗粒黑胡椒。

削成薄片的蘆筍，口感新奇。義大利麵煮好之前下鍋，快速氽燙。

綠蘆筍

能夠享受青翠香氣，以及完整蔬菜風味的料理法。

春

「用削皮刀削出的蘆筍薄片，和義大利麵一起下鍋，讓麵也沾染了甜味與香氣。擠上檸檬汁更好吃。」

薄片蘆筍鰻魚 義大利麵

1 份含 **518** 大卡、鹽 **1.8** 克

當季蘆筍的魅力，當然在於濃郁的香氣與水嫩的口感。簡單的手法就能帶出春天蘆筍特有的甘甜，吃得開心。

捏捏蘆筍根部，確認喜歡的硬度。最近我喜歡煮軟一點，甜味比較濃厚。

水煮蘆筍佐雞蛋沙拉

1份含 **266** 大卡 鹽 **1.0** 克

材料（2 人份）

綠蘆筍
……… 12 支（約 240 克）

〈雞蛋沙拉〉
水煮蛋 …………	2 顆
初春洋蔥末 …	2 大匙
美乃滋 ………	4 大匙
酸豆（醋漬）	2 小匙
鹽、胡椒 ……	各少許

鹽 ……………… 1 大匙

做法

❶ 蘆筍根部切除約 2 公分。將根部往上 5 公分這一段的外皮薄薄削去一層。酸豆約略切碎。水煮蛋約略切碎。將雞蛋沙拉的材料放入容器中混合均勻。

❷ 湯鍋裝滿足量熱水（約 2 公升）煮沸，加鹽。蘆筍從根的那頭放入鍋中，以中火水煮 3～6 分鐘至自己喜歡的口感。捏捏根部確認硬度後，起鍋瀝乾。

❸ 蘆筍盛盤，加上雞蛋沙拉後完成。

甜豆

甜豆釋放出來的甜味與柴魚高湯融合一體，最為美味！

材料（2人份）

甜豆	8個（約60克）
竹輪	2條
蛋液	2顆份
白飯（蓋飯碗）	2碗份（約400克）

〈湯汁〉

高湯（見p.110）	1杯
醬油	1小匙
鹽	1/3小匙
砂糖	1小撮

做法

① 甜豆去除蒂頭與筋絲，斜切成2～3等份。竹輪斜切成1公分寬的片狀。

② 小湯鍋中放入湯汁的材料，以中火煮沸，加入甜豆與竹輪，燉煮約2分鐘。淋上蛋液，稍微凝結後便熄火。白飯盛碗，什錦炒蛋連湯汁一起淋上。

甜豆與竹輪的什錦雞蛋蓋飯

1份含 465 大卡、鹽 2.4 克

「只用了甜豆與雞蛋去炒。竹輪已經提供了鮮味，所以非常下飯。」

略帶甜味的豆子和柔嫩的豆莢，甜豆的優點就是能夠讓人享受雙重的美味。熱炒時呈現出的鮮綠，是無與倫比的美麗。

「甜豆在流水下沖以防止變色，也可以維持清脆的口感。鮮豔的翡翠綠，第一眼就覺得美極了。」

甜豆浸物

1/2 份含 **32** 大卡 鹽 **0.5** 克

材料（容易製作的份量）
甜豆
……… 20 個（約 150 克）
〈醃汁〉
　高湯（見 p.110）
　…………… 1 又 1/2 杯
　薄口醬油（一般醬油亦可）
　……………… 2 小匙
　鹽 …………… 1/2 小匙
　鹽 …………… 1 小匙

做法

❶ 甜豆去除蒂頭與筋絲。湯鍋裝滿足量熱水（約 1 公升）煮沸，加鹽。

❷ 放入甜豆，水煮約 1 分鐘撈起。沖流水冷卻後，瀝乾水分。密封容器內加入醃汁的材料混合均勻。放入甜豆，靜置約 30 分鐘。

＊放入密封容器中，可以冷藏保存約 4 天。

時間久了會更入味，可以一次煮多一些做為常備菜。

韭菜肉燥烏龍麵

1 份含 **352** 大卡、鹽 **3.8** 克

材料（2 人份）

韭菜 ⋯⋯ 1 小把（約 80 克）
雞絞肉 ⋯⋯⋯⋯⋯⋯ 100 克
高湯（見 p.110，也可使用飛魚
乾高湯或小魚乾高湯）
⋯⋯⋯⋯⋯⋯⋯ 2 又 1/2 杯
薑絲 ⋯⋯⋯⋯⋯⋯ 1 片份
鹽 ⋯⋯⋯⋯⋯⋯⋯ 1 小匙
魚醬油（見 p.111，也可使用魚
露） ⋯⋯⋯⋯⋯⋯⋯ 少許
烏龍麵（細的乾麵）
⋯⋯⋯⋯⋯ 160 ～ 180 克
油 ⋯⋯⋯⋯⋯⋯⋯ 少許

做法

❶ 韭菜切碎。湯鍋裝滿足量熱水煮沸，放入烏龍麵，按照包裝上的標示煮熟。

❷ 使用另一口湯鍋（或是深平底鍋），放入油與雞絞肉，以中火加熱，翻炒至絞肉變色。倒入高湯，煮沸後加入鹽與魚醬油調味。

❸ 烏龍麵煮好後撈起，在流水下沖涼，瀝乾水分。放入步驟 ❷ 的鍋中，等烏龍麵加熱好，放入韭菜再煮一下。盛入容器，放上薑絲。

韭菜

切碎來品嘗韭菜的香與嫩。

春

雖然一年四季都可以吃到，但春韭的香氣特別濃郁，葉子也特別柔嫩。切碎後香氣會散發出來，一整支吃起來則很有口感，是一種能夠多方應用、創意無限的食材。

「韭菜的香味氣，不管是搭配小魚乾或是飛魚乾等味道強烈的高湯都很合拍。常常做為細烏龍麵的配料。」

韭菜滿載的
QQ 韓式煎餅

1/4 份含 **239** 大卡、鹽 **0.9** 克

材料（3～4 人份）

韭菜 …… 1 小把（約 80 克）
馬鈴薯 … 4 顆（約 500 克）
火腿 …………………… 1 片
鹽 …………………… 少許
醋、醬油 ………… 各適量
油 …………………… 2 小匙

做法

① 韭菜切成 4 公分長。馬鈴薯削皮磨成泥（如果是初春馬鈴薯，則需要運用濾網漂洗後，將水分瀝乾）。火腿切半，沿著短邊切絲。

② 將馬鈴薯泥、火腿、鹽、韭菜放入容器中攪拌混合。

③ 平底鍋加入油，以中火加熱，一次次用湯匙舀出步驟 ② 的 1/8 ～ 1/6 份量，擺入平底鍋中（如果一次煎不完，就分成兩次）。兩面各煎 3 ～ 4 分鐘，至呈現焦色，抹上醋與醬油。

「使用馬鈴薯泥，沒有加其他粉。QQ 的口感，突顯出韭菜的個性。」

微甜甘煮青豆仁

1/6 份含 23 大卡，鹽 0.5 克

「調味清淡，帶出豆仁的青澀感。豆子煮好連同湯汁一起放涼，比較不會產生皺摺，能夠維持飽滿圓潤。」

材料（容易製作的份量）
青豆仁（帶莢）　……300 克
高湯（見 p.110）　1 又 1/2 杯
砂糖、薄口醬油　…各 1 小匙

做法
❶ 將青豆仁從豆莢中取出，簡單清洗後瀝乾水分。

❷ 所有材料全部入鍋，以中火加熱。煮沸後轉小火，繼續再煮 6 ～ 7 分鐘，連同湯汁一起放涼

＊連同湯汁一起放入密封容器中，可以冷藏保存約 3 天。

鬆軟的豌豆飯

材料（3 ～ 4 人份）與做法
2 杯米煮好的白飯，加上稍微瀝乾的「微甜甘煮青豆仁」1/2 份（約 80 克），鹽 2 小匙，稍微翻拌混合。

也可以這樣吃

● 混入蛋液，西式蛋包。

● 和培根一起用奶油熱炒，當作下酒菜。

● 撒在煮好的義大利麵上快速混合均勻。

春季蔬菜水水嫩嫩，上市得也早，現買現煮，吃不完做成常備菜。
在這充滿生機的季節，享受蔬菜的粉彩配色與突顯甘甜的調味。

甜醋醃泡初春洋蔥與初春胡蘿蔔

1/6 份含 **54** 大卡，鹽 **1.0** 克

「柔嫩的初春洋蔥與初春胡蘿蔔，浸泡在清爽的甜醋中。可以應用於各式料理，多做一些備用吧。」

材料（容易製作的份量）

初春洋蔥　…　2 顆（約 400 克）
初春胡蘿蔔　　2 條（約 300 克）
〈甜醋〉
　醋　……………………………6 大匙
　砂糖　…………………………3 大匙
　鹽　……………………………1 小匙
鹽　………………………………1/2 小匙

做法

❶ 初春胡蘿蔔削皮，使用刨絲器刨成細絲。加鹽快速混合，放置約 15 分鐘，擠乾水分。

❷ 初春洋蔥縱切成半，再縱切成薄片。在容器中混合甜醋的材料，加入初春洋蔥混合均勻。加入初春胡蘿蔔快速混合，放置 1～2 小時入味。

＊放入密封容器中，可以冷藏保存約 5 天。

香脆煎雞排

材料（2 人份）與做法

❶ 雞腿肉（小）2 片（約 400 克），去除多餘脂肪，撒上鹽 2 小撮、胡椒少許。

❷ 平底鍋不加油，雞皮朝下擺放入鍋，以中火加熱。用鍋鏟不時壓一壓雞肉，煎烤約 6 分鐘，翻面再煎烤約 5 分鐘，盛盤。

❸ 將平底鍋的油漬擦乾淨，放入「甜醋醃泡初春洋蔥與初春胡蘿蔔」1/5 份量（約 1 杯），翻炒約 1 分鐘，平均鋪在煎雞排上。

也可以這樣吃

● 早餐夾吐司麵包。

● 鋪在白身魚生魚片底下，做成薄切生肉。

● 擠乾醋汁混入絞肉中，做成漢堡排。

羅勒炒蕃茄與牛肉

1/3 份含 182 大卡、鹽 0.6 克

材料（2～3 人份）

牛邊角肉	120 克
中玉蕃茄	6 顆
（也可使用普通蕃茄 2 顆）	
羅勒葉	1 包份（約 15 克）
蒜末	1/2 瓣份
鹽	適量
胡椒	少許
橄欖油	1 大匙

做法

❶ 蕃茄去除蒂頭，切成一口大小。牛肉切成容易入口的大小，撒上鹽 1/4 小匙與胡椒。

❷ 平底鍋加入蒜末與橄欖油，以中火加熱，爆香後放入牛肉翻炒。等到肉變色，加入蕃茄快速翻炒，加入鹽少許繼續翻炒。加入羅勒葉快速混合。

蕃茄

加熱後，鮮甜滋味更為濃郁。

夏

「一下子就能炒好的菜餚，大熱天裡做起來輕鬆愉快。蕃茄的酸味與羅勒的香氣，清爽美味。」

夏天，在附近的直賣所擺滿了小山一般，赤紅成熟的蕃茄。這是我每年滿心期待的光景。不只可以生吃，也可烹調，使用範圍非常廣。

「當季正盛的蕃茄，盈滿濃縮的夏季精華。確實煎到外皮脫掉的程度，入口即化。」

煎蕃茄

1 份含 **83** 大卡、鹽 **0.3** 克

材料（2 人份）
蕃茄　……　2 顆（約 300 克）
鹽、粗粒黑胡椒　……　各適量
橄欖油　………………　1 大匙

做法
❶ 蕃茄去除蒂頭，橫切成半。

❷ 平底鍋加入橄欖油，以中火加熱，蕃茄切口朝下擺入。兩面各煎 3 ～ 4 分鐘，慢慢煎到外皮些微翻起，果肉軟化。盛盤，撒上鹽與粗粒黑胡椒。

放在吐司上

吸收大量蕃茄汁的吐司麵包，又是另一番好滋味。

放在白飯上

與烤海苔、半熟荷包蛋一起放在白飯上。淋上醬油，戳破蛋黃。

軟嫩薑燒茄子

1 份含 236 大卡、鹽 2.6 克

材料（2 人份）

茄子 … 3 顆（約 240 克）
太白粉 …………………… 2 大匙
〈醬汁〉
　薑泥 ………………… 1 大片份
　酒、醬油 …… 各 2 大匙
　砂糖 ………… 1 又 1/2 大匙
　味醂 ………………… 2 小匙
油 …………………………… 2 大匙

做法

❶ 茄子去掉蒂頭，斜切成 1.5 公分寬的片狀。泡水約 5 分鐘，將水分確實吸乾，撒上太白粉。混合醬汁的材料。

❷ 平底鍋加入油，以中火加熱，放入茄子兩面各煎約 4 分鐘至呈現焦色。煎好的茄子先取出放置。接著將醬汁倒入平底鍋以中火加熱，煮沸後將茄子放回鍋中，快速翻炒一下。

茄子

與樸實的甜辣味非常合拍，是夏季蔬菜的主角！

夏

「夏天的茄子烹調後甜味大增，口感軟嫩。不加肉末也非常好吃，十分下飯。」

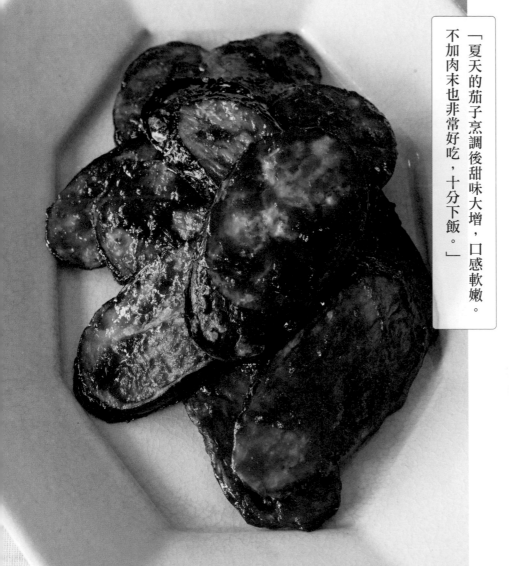

當季的日本茄子圓潤而厚實。光是這樣就已經非常好吃。採用鄉村風的甜辣調味，感覺安穩而溫馨。日本茄子和台灣茄子不太一樣，日本茄子圓短，台灣茄子則為細長狀。

田舍煮（鄉村風）茄子

1/4 份含 **64** 大卡、鹽 **1.2** 克

材料（容易製作的份量）

茄子 …………………… 5 顆
高湯（見 p.110）… 約 2 杯
醬油、砂糖 各 2 又 1/2 大匙
胡麻油 …………………… 1 大匙

做法

❶ 茄子去除蒂頭縱切成半，外皮每隔 5 公釐斜劃入刀。用大量水清洗 10 分鐘後撈起。

❷ 深平底鍋加入胡麻油，斜切過的茄子外皮朝下擺入，以中火加熱，快速翻炒。加入高湯、醬油、砂糖，蓋上內蓋（見 p.5），用較弱的中火燉煮約 15 分鐘至茄子變軟。感覺有點煮爛之後熄火，在鍋中放涼。

＊連同煮汁一起放入密封容器中，可以冷藏保存約 3 天。

放在稻庭烏龍麵（細烏龍麵）或細麵上

麵煮好後用冰水冷卻，茄子連同煮汁一起放上去，同時搭配薑或茗荷等辛香配料。

加熱後放上白蘿蔔泥

茄子連同煮汁一起加熱，放上一大撮冰蘿蔔泥。這種「冰火混合」的口感，真是好吃得不得了！

青椒

整顆直接烹調，連青椒籽都會舔起來吃掉。

煎烤整顆青椒

1份含 45 大卡、鹽 0.7 克

材料（2 人份）

青椒	4 顆
柴魚片	1/2 包（約 2.5 克）
鹽	2 小撮
橄欖油	1 大匙

做法

❶ 青椒清洗乾淨。不用瀝乾直接放入鍋中，淋上橄欖油，蓋上鍋蓋以中火燜燒約 1 分鐘。

❷ 聽到滋滋聲後將火轉弱，不時搖動鍋子以免煎焦，蓋著鍋蓋燜燒約 10 分鐘。盛盤後撒鹽，放上柴魚片。

聽到滋滋聲後將火轉弱，不時搖動鍋子以免煎焦。

「慢慢燜燒，不管是籽還是棉肉，都變得甘甜容易入口！盡量選擇小一點的青椒。」

青椒好吃的地方就在具有獨特的青澀味道。直接切絲做成韓式涼拌小菜也可以，但還是建議整顆烹煮來吃。這樣不但可以連籽都吃掉，濃縮的甘甜更是絕妙。

青椒鑲肉

1份含 **359** 大卡、鹽 **2.0** 克

「使用一整顆青椒，裡面塞滿肉餡。不用擔心肉餡與青椒會分離，是非常推薦的做法。」

材料（2人份）
青椒 ………… 6～8顆
〈肉餡〉
　雞絞肉* ……… 250克
　洋蔥末 ……… 1/4顆份
　麵包粉 …1又1/2大匙
　蛋液 ………… 1/2顆份
　胡椒 ………… 少許
　醬油 ………… 1小匙
高麗菜葉 2片（約120克）
麵粉 …………… 適量
豬排醬 ………… 適量
油 …………… 2小匙

＊混合雞豬絞肉也很推薦

做法

❶ 將青椒蒂頭的部分切下，用湯匙將籽與外皮連在一起的地方分開（裡面的蒂頭也挖下）。籽可以往內集中刮下。

❷ 將肉餡的材料全部放入容器中，攪拌混合至出筋。青椒內部與切下的蒂頭蓋子內側用濾茶器撒上一層薄薄的麵粉，肉餡等份，塞滿青椒內部，蒂頭蓋子蓋回。

❸ 平底鍋擺入步驟 **2**，油淋在周圍，以較弱的中火加熱。一邊翻轉一邊煎烤約3分鐘至全部著色。倒入水1/4杯，轉中火，蓋上鍋蓋燜煮5～6分鐘。高麗菜切絲鋪在盤子上，放上青椒鑲肉。淋上豬排醬享用。

玉米

加鹽水煮後，活用在各式料理上。

烤玉米

1 份含 172 大卡、鹽 1.5 克

材料（2 人份）
水煮玉米（見 p.53）…2 支
醬油 …………1～2 大匙

做法
玉米切成方便吃的大小。平底鍋以中火加熱，放入玉米翻轉燒烤。等全部烤至著色後，用刷子塗抹上醬油。

醬油很容易烤出焦色，所以要用刷子。太早塗抹的話，小心烤焦。

「誘人的強烈醬油香，是路邊攤風味。小孩當作點心，大人配啤酒。一支又一支，忍不住伸手去拿。」

只有在夏天才看得到的新鮮玉米，我家的習慣是買了馬上全部水煮，然後先吃玉米的原味，之後才應用在能夠突顯自然甘甜的料理上。

52

玉米義大利麵

1 份含 579 大卡、鹽 2.1 克

材料（2 人份）

玉米	2 支
義大利麵	160 克
碎羅勒	少許
鹽	適量
橄欖油	2 大匙

做法

❶ 玉米以下記方式加鹽水煮（湯汁留下備用）。稍微放涼後切下玉米粒（玉米芯留下備用）。

❷ 湯汁再度煮沸，放入義大利麵與玉米芯，按照包裝上的標示時間煮熟。平底鍋加入橄欖油，倒入玉米粒，以中火翻炒至油亮。義大利麵煮好後瀝乾湯汁加入平底鍋，混合均勻。試味道後，將湯汁少許加入麵中拌勻，盛盤並撒上羅勒。

湯汁充滿了玉米的精華。再加上玉米芯，讓義大利麵吸收玉米的風味。

「水煮玉米的湯汁，與玉米芯一起拿來煮義大利麵，讓麵也帶有玉米的風味。也可撒上帕瑪森起司來享用。」

水煮玉米

材料（容易製作的份量）與做法

❶ 玉米 5 支連鬚帶皮一起剝除。大鍋裝滿足量熱水煮沸，加入鹽適量（3 公升熱水加入約 2 大匙鹽）。放入玉米，以中火水煮 7 ～ 8 分鐘。剝一粒吃看看，確認是否煮熟。

❷ 將玉米撈起，瀝乾水分。趁熱用保鮮膜包起，避免玉米粒變皺。

＊可以做為味噌湯或清湯配料。切下玉米粒，與牛奶或豆奶一起用果汁機打勻，可以做成濃湯。

＊放涼後切下玉米粒放入冷凍專用保存袋，可以冷凍保存約 2 週。

毛豆

新鮮度最重要。首先是全部一起加鹽水煮。

夏

「最喜歡毛豆鬆軟的口感，即使天熱也還是會想炸這道來吃。與啤酒或麵類十分合拍。」

加入毛豆的炸什錦

1 份含 267 大卡、鹽 0.4 克

材料（2 人份）

毛豆（未剝豆莢）
………… 1/2 包（約 100 克）
蝦仁（中）
…………6 隻（約 120 克）
洋蔥 … 1/2 顆（約 100 克）
麵粉 …………………… 適量
太白粉 ………………… 少許
鹽 …………………………適量
炸油 ………………………適量

做法

❶ 毛豆用 p.55 的方法鹽煮。剝開豆莢準備好約 1/2 杯的份量。洋蔥縱切成薄片。蝦仁去除背部腸泥，放入容器撒上太白粉清洗。吸乾水分後切成三等份。

❷ 容器中放入毛豆、洋蔥、蝦仁，撒上 1 又 1/2 大匙麵粉，快速混合均勻。另一個容器加入麵粉 1/4 杯、冷水不超過 1/4 杯，用筷子快速攪拌均勻成麵糊。

❸ 炸油加熱至中溫（170 ～ 180℃，見 p.5）。使用量杯等小型容器，放入步驟 2 配料的 1/8 ～ 1/6 份量，淋上超過 1 大匙的麵糊。慢慢放入炸油中，繼續同樣手法製作 2 ～ 3 個下鍋。不時翻面，油炸 3 ～ 4 分鐘，撈出後瀝乾油分。剩下的材料也使用同樣方式油炸盛盤，搭配鹽適量後完成。

6～8 月盛暑的當季毛豆。這種蔬菜最重要的就是新鮮，所以買來得馬上全部加鹽水煮。餐桌上只要有一盤使用毛豆的料理，立刻就會讓人感受到夏天的到來。

「連同豆莢一起用香味醬醃漬，是我家的拿手下酒菜。加上辣油或豆瓣醬也很好吃。」

香味醬漬毛豆

1/4 份含 **64** 大卡、鹽 **0.7** 克

材料（容易製作的份量）
毛豆（未剝豆莢）
………… 1 包（約 200 克）
〈香味醬〉
蔥末 ……… 10 公分份
蒜末 ……… 1 瓣份
薑末 ……… 1 片份
醬油 ……… 2 大匙
白芝麻粉、胡麻油 各 1 大匙
鹽 ……………… 適量

做法

❶ 毛豆切除豆莢兩端。以下記方式加鹽水煮。

❷ 容器放入未剝除豆莢的毛豆，與香味醬的材料混合均勻，用保鮮膜包起置於冷藏 2～3 小時。

＊放入密封容器中，可以冷藏保存 2～3 天。

鹽煮毛豆

材料（容易製作的份量）與做法

❶ 毛豆（未剝豆莢）1 包（約 200 克）去梗。豆莢兩端用剪刀剪掉，快速清洗。兩端剪開，才會確實入味。

❷ 放入容器，加入不超過 1 大匙的鹽，用手搓揉。

❸ 大鍋裝滿足量熱水煮沸。步驟 2 的材料連同鹽分一起入鍋，以中火水煮 7～8 分鐘。撈起瀝乾後，散置於篩子上放涼。

＊放入密封容器中，可以冷藏保存約 3 天。

下點工夫降低苦味，更好入口。

夏

鹽漬苦瓜與雞胸肉沙拉

1/3 份含 **103** 大卡、鹽 **1.0** 克

材料（2～3 人份）

苦瓜 … 1 條（約 280 克）
雞胸肉 2 塊（約 120 克）
鹽 適量
酒 2 大匙
胡麻油 1 大匙

做法

❶ 苦瓜縱切成半，去除棉肉與籽，橫切成極薄片狀。撒上鹽 1/2 小匙，放置約 10 分鐘，快速沖洗後瀝乾水分。這個步驟再重複 2 次。

❷ 雞胸肉去筋，放入小湯鍋或平底鍋，淋上酒。加水至約略蓋過表面，蓋上鍋蓋以中火加熱。煮沸後熄火，直接放涼。撕成小塊，加入鹽 2 小撮拌勻。

❸ 容器中放入苦瓜與雞胸肉，淋上胡麻油快速拌勻。

加鹽搓揉反覆約 3 次後，就能去除苦味，並突顯清脆口感。

「最近特別喜歡這種苦瓜的吃法。清脆的口感，真是新鮮有趣！」

近幾年來，苦瓜的食譜增加了。可說是一種魅力的獨特苦味，可以依照不同料理的需求下點工夫來降低。切成極薄片狀的清脆口感，充滿清爽的夏季風味。

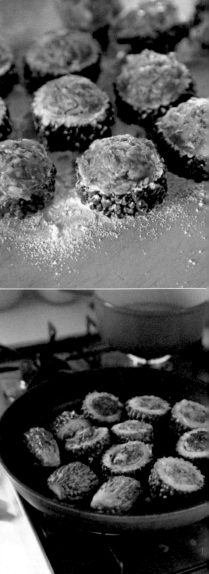

甜辣苦瓜鑲肉

1/3 份含 204 大卡、鹽 1.6 克

材料（2～3 人份）

苦瓜 … 1 條（約 280 克）

〈肉餡〉
豬絞肉	150 克
洋蔥末	1/4 顆份
醬油	1 小匙
鹽	1/4 小匙
麵包粉	1 大匙

鹽 …………………… 1/2 小匙

麵粉 …………………… 適量

〈醬汁〉
蕃茄醬、中濃醬＊
…………… 各 1 又 1/2 大匙

油 …………………… 1 大匙

＊在日本吃豬排、炸物串、炸竹莢魚、炸可樂餅等，會沾取的醬。

做法

❶ 苦瓜切成 1.5 公分寬的環狀，去除棉肉與籽，撒上鹽，放置約 10 分鐘。肉餡的材料混合均勻。

❷ 快速清洗苦瓜，吸乾水分，一個個切口朝上擺放。內側撒上麵粉，將肉餡塞到稍微滿出來。

❸ 平底鍋以中火加熱，苦瓜與肉餡齊平的面朝下擺放入鍋，煎至呈現焦色後翻面。將火轉弱，蓋上鍋蓋燜燒約 5 分鐘後盛盤。同一口平底鍋加入醬汁的材料加熱，淋在苦瓜上。

「蕃茄醬調製出西式的甜辣，與苦瓜的微苦風味十分合拍。運用燜燒方式完全煮熟，讓苦瓜吃起來柔嫩。」

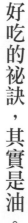

好吃的祕訣，其實是油。

櫛瓜

夏

「切成大塊煎烤，意外地美味多汁。搭配濃郁的美乃滋鮪魚醬，具有充分的飽足感。」

煎烤櫛瓜佐美乃滋鮪魚醬

1/3 份含 **304** 大卡、鹽 **0.9** 克

材料（2～3 人份）
櫛瓜‥‥‥‥ 3 條（約 450 克）
〈美乃滋鮪魚醬〉
　鮪魚罐頭（70 克裝）‥‥2 罐
　洋蔥末‥‥‥‥‥‥ 1/8 顆份
　美乃滋‥‥‥‥‥‥‥ 3 大匙
　鹽‥‥‥‥‥‥‥‥‥‥ 適量
橄欖油‥‥‥‥‥‥‥‥ 2 大匙

做法

❶ 洋蔥撒上鹽 2 小撮放置約 5 分鐘，快速清洗後將水分確實擠乾。櫛瓜連蒂頭一起縱切成半。

❷ 平底鍋加入橄欖油，以中火加熱，櫛瓜切口朝下擺放入鍋，煎烤約 4 分鐘至呈現焦色。翻面後蓋上鍋蓋，燜烤約 3 分鐘。

❸ 整罐鮪魚連同湯汁一起倒入容器，加入洋蔥與美乃滋混合均勻，鹽適量調味。櫛瓜盛盤，放上美乃滋鮪魚醬。

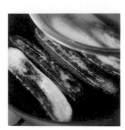

先確實煎烤至呈現焦色，然後加以燜烤，櫛瓜肉會變得柔嫩易入口。

是南瓜的同類，但因含水多，口感比較接近茄子。和茄子一樣吸油，所以推薦使用稍多一些的油來料理。

薄切櫛瓜與干貝

1份含 **144** 大卡、鹽 **1.2** 克

材料（2 人份）
櫛瓜 …… 1 條（約 150 克）
干貝（生魚片用）
………… 5 粒（約 160 克）
檸檬汁 ………… 1/4 顆份
鹽 ………… 2 小撮
粗粒黑胡椒 ………… 適量
橄欖油 ………… 1 ～ 2 大匙

做法

❶ 洋櫛瓜切除兩端，再切成圓薄片。干貝則將一粒的厚度片成三片。

❷ 湯鍋倒入熱水煮沸，放入櫛瓜快速汆燙，確實瀝乾水分放涼。將櫛瓜與干貝交互疊放擺盤。撒上鹽、粗粒黑胡椒、檸檬汁，淋上橄欖油。

「只有快速汆燙過的櫛瓜與新鮮生干貝兩種食材。簡單卻豪華，非常適合做為款待貴賓的神祕料理。」

泡菜風秋葵

1/4 份含 **28** 大卡、鹽 **0.5** 克

材料（容易製作的份量）
秋葵 …………………	8 支
鹽 …………………	1/4 小匙

〈醬汁〉
韭菜粗末 ……	2～3 支份
醬油、胡麻油 …	各 2 小匙
唐辛子粉 ……	1～2 小匙

用鹽醃漬過的秋葵，拌上醬汁再度醃漬。用調理盤就可以少量製作，非常方便。

做法

❶ 秋葵切除蒂頭尖端，將花萼部分削薄。撒上鹽，在砧板上滾動。擺入調理盤中，不要重疊，蓋上保鮮膜，上面用另一個調理盤或其他盤子壓住，冷藏一晚。

❷ 取出秋葵吸乾水分。調理盤洗淨擦乾，加入醬汁的材料混合均勻，再放入秋葵拌勻。蓋上保鮮膜，上面重新壓好，冷藏半天以上醃漬。

＊放入密封容器中，可以冷藏保存 3～4 天。

整支吃或是切碎吃，口感都很棒。

「用加入韭菜與唐辛子的醬汁醃漬，做成韓式風味。生秋葵的口感與味道，吃過一次就會上癮。」

獨特的黏稠口感與極高營養價值，是秋葵的魅力所在。

秋葵冷汁湯泡飯

1/3 份含 **263** 大卡、鹽 **1.0** 克

材料（2～3 人份）

秋葵 …………………… 5 支
豆腐（木綿豆腐或嫩豆腐）
………… 1 塊（約 300 克）
小黃瓜 …………………… 1 條
茗荷 …………………… 1 顆
薑泥 …………………… 1 片份
高湯（見 p.110，小魚乾高湯
等）…………………… 2 杯
味噌 ……………… 1～2 大匙
鹽 …………………… 適量
白飯（茶碗）…… 2～3 碗份

做法

❶ 容器中倒入高湯（加熱），加入味噌溶化，稍微放涼後入冰箱冷藏。豆腐置於篩子上 15～20 分鐘，瀝乾水分。

❷ 小黃瓜切除兩端，再切成小薄片，撒上鹽少許，放置 10 分鐘。秋葵放入加鹽少許的熱水中汆燙至鮮綠，撈起稍微放涼。去除蒂頭，再切成小薄片。茗荷縱切成半，橫切成薄片。

❸ 小黃瓜確實擠乾水分。碗中放入一口大小的碎豆腐、秋葵、小黃瓜、茗荷與薑泥。要吃的時候，將步驟 ❶ 的湯汁倒入碗中，稍微攪拌一下，搭配白飯來享用。

辛香料（青紫蘇、茗荷、薑）

我喜歡將三種辛香料混合起來，平常做菜時使用。

辛香料的魅力在於清爽的香氣。也有開胃的效果，所以在暑熱的天氣裡，常常拿來靈活運用。配菜當然不用說，更可以當成主角，大量使用。

竹筴魚碎肉佐辛香料

1/3 份含 75 大卡、鹽 0.9 克

材料（2～3 人份）

竹筴魚生魚片
……2 小尾份（150～160 克）
青紫蘇葉 …………………… 5 片
茗荷 ………………………… 1 顆
初春薑（也可使用一般薑）
………………………………… 1 片
味噌 ………… 1～1 又 1/2 大匙
醬油 ………………………… 少許

做法

❶ 青紫蘇切去葉柄，茗荷縱切成半，薑削皮，全部一起切絲泡水，變脆後瀝乾水分。

❷ 竹筴魚放在砧板上切成泥。放上味噌，用菜刀剁一剁、拍一拍，全部混合均勻。加上醬油再剁一剁、拍一拍，盛盤。放上步驟 ❶ 後享用。

放上味噌，用菜刀上下剁一剁、拍一拍，在砧板上全部混合均勻。

「生魚片製作的漁夫料理〈魚碎肉〉，用我們家喜歡的方式製作。辛香料之後再大量放上去，突顯清涼感。」

夏

夏季辛香料拌醬油

1/6 份含 7 大卡、鹽 0.9 克

材料（容易製作的份量）

茗荷	3 顆
青紫蘇葉	10 片
薑	2 片（約 30 克）
醬油	2 大匙

做法

茗荷切成小薄片。青紫蘇切去葉柄，切成 7～8 公釐寬細絲。薑削皮切絲。全部混合泡水約 5 分鐘，瀝乾水分。加上醬油拌勻，放置約 30 分鐘。

＊放入密封容器中，可以冷藏保存 2～3 天。

「辛香料切碎散發出香氣，用醬油醃漬。是夏天冰箱裡的明星成員。」

拌入細麵

3 把細麵煮好後用冰水冰鎮，放上 3～4 大匙夏季辛香料拌醬油，加上 1 又 1/2 大匙胡麻油，混合拌勻。

放在水煮蛋上

3 顆水煮蛋縱切成半，3 大匙夏季辛香料拌醬油等份放上。

放在清蒸雞肉上

雞腿肉（小）1 塊（約 200 克），去除多餘脂肪，撒鹽 1/2 小匙、酒 1 大匙，搓揉入味。置於耐熱皿上，用保鮮膜蓋著，以微波爐加熱 5 分鐘。稍微放涼後切成容易入口的大小，均勻沾滿蒸出來的湯汁。放上 3 大匙夏季辛香料拌醬油。

佃煮苦瓜

1/5 份含 **56** 大卡，鹽 **1.5** 克

「非常下飯的味道。

非常夏天，加一點點醋畫龍點睛。」

材料（容易製作的份量）

苦瓜 …… 1 條（約 300 克）
小魚乾………………… 20 克
鹽 ………………… 1/3 小匙
酒、味醂 ……… 各 40 毫升
砂糖、醋 ………… 各 1 大匙
薄口醬油（也可使用一般醬油）
………………… 2 大匙

做法

❶ 苦瓜橫切成半，用湯匙挖掉棉肉與籽。切成 5 公分寬片狀，撒鹽放置一會兒，吸乾水分。小魚乾用平底鍋乾煎。

❷ 小湯鍋加入酒與味醂以中火加熱煮沸。加入砂糖、醋、薄口醬油，再煮約 1 分鐘。放入苦瓜翻炒約 3 分鐘，煮軟後放入小魚乾。翻炒至湯汁收乾，倒入調理盤散置放涼。

＊放入密封容器中，可以冷藏保存約
　1 週。

放在剛煮好的白飯上

材料（1 人份）與做法
盛 1 茶碗熱騰騰的白飯，放上
「佃煮苦瓜」1 ～ 2 大匙

也可以這樣吃

● 大量放在冷豆腐上。

● 與夏季細麵拌著吃。

● 便當還有空位的話，放一些當小菜。

不只是大家熟悉的蕃茄，還有別人常常會送的苦瓜，其實都是適合做成常備菜的食材。
可以運用不同方式變化，在夏季的午餐菜單上活躍演出。

甜蕃茄醬

1/5 份含 **46** 大卡，鹽 **0.4** 克

「不加一滴水，只用蕃茄本身的水分熬煮。如此一來，蕃茄的甜味可以瞬間凝結，讓湯品更添鮮美。」

材料（容易製作的份量）
蕃茄（全熟）
……… 8～10 顆（約 1.5 公斤）
鹽 …………………… 1/3 小匙

做法

❶ 蕃茄去除蒂頭，縱切成 4 等份。放入厚湯鍋，蓋上鍋蓋，以中火加熱。煮沸後將火轉弱，燉煮約 10 分鐘。攪拌後蓋回鍋蓋，再煮約 5 分鐘至蕃茄出水到幾乎可以蓋過自身表面的程度。

❷ 掀開鍋蓋，不時攪拌以免煮焦，燉煮約 30 分鐘至煮汁剩下一半。加鹽混合均勻。

＊放入密封容器中，可冷藏保存約 4 天。放入冷凍專用保存袋，可冷凍約 1 個月。

簡單的蕃茄義大利麵

材料（2 人份）與做法

❶ 湯鍋倒入熱水 2 公升煮沸，加入鹽 2 小匙。義大利麵 160 克按照包裝上的標示時間煮熟。

❷ 平底鍋加入「甜蕃茄醬」2 又 1/2 湯勺的份量，以中火加熱。開始冒泡時，義大利麵瀝乾水分放入鍋中翻炒。盛盤後撒上適量現磨帕瑪森起司。

也可以這樣吃

● 放在煎肉或煎魚上。

● 與鰹魚醬油混合，當作細麵沾取的醬汁。

● 加水稀釋煮成湯。

甜辣蓮藕與雞肉

1/4 份含 234 大卡、鹽 1.5 克

材料（3～4 人份）
蓮藕 …… 2 節（約 400 克）
雞腿肉 … 1 塊（約 250 克）
砂糖 …………… 1 又 1/2 大匙
醬油 …………………… 2 大匙
油 …………………… 1 大匙

一邊搖動鍋子，一邊翻動食材，與煮汁混合均勻。煮汁會慢慢變得濃稠，出現光澤。

做法

❶ 蓮藕削皮隨意切成大塊，用水浸泡約 5 分鐘後瀝乾。雞肉去除多餘的脂肪，切成一口大小。

❷ 鍋中加入油，放入蓮藕與雞肉，以中火翻炒。全部食材都沾到油之後，加入水 1 又 1/2 杯與砂糖，混合均勻。煮沸後蓋上內蓋（見 p.5），中火轉弱，燉煮約 15 分鐘至竹籤能夠刺穿蓮藕。

❸ 拿掉內蓋，加入醬油，以中火加熱。搖動鍋子煮到煮汁幾乎燒乾。

蓮藕

秋

改變切法，就能享受各式各樣不同的口感。

「喜歡大塊蓮藕鬆軟的口感。」煮到最後出現光澤，是好吃的祕訣。

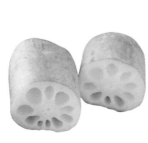

進入九月，收穫的季節開始，水嫩的初秋蓮藕就上市了。依照切法不同，蓮藕會展現不同風貌，是魅力所在。對我來說，是一種讓料理變得開心的蔬菜。

蓮藕連皮磨泥，味道更好。磨出來的汁液也很鮮甜，不要處理掉，一起拿來使用。

蓮藕餡餅

1 份含 257 大卡、鹽 1.1 克

材料（2 人份）
蓮藕（大）
……… 1 節（約 300 克）
蝦仁 …………… 80 克
鴨兒芹 ………… 5 支

A 麵粉 ……… 4 大匙
　 鹽 ………… 1/4 小匙

太白粉 ………… 2 小匙
麵粉、和風油醋醬 各適量
油 ……………… 1 大匙

做法

❶ 蓮藕兩端的外皮稍微削除，切出 6 ～ 8 片薄片。剩下的連皮一起磨泥，加入 A 的材料混合均勻，做成內餡。鴨兒芹切成 1 公分長。蝦仁去除背部腸泥，撒上太白粉搓揉均勻。快速沖洗後吸乾水分，切成 1 公分寬小塊。

❷ 平底鍋加入油，以中火加熱，內餡分成約 6 份，一個一個入鍋。按照蝦仁、鴨兒芹的順序，等量放上內餡。蓮藕薄片單面撒上一層薄薄的麵粉，撒粉的面朝下，每一個內餡上放 1 ～ 2 片，煎烤約 3 分鐘。

❸ 煎至呈現焦色後，用鍋鏟小心翻面，以較弱的中火繼續煎 4 ～ 5 分鐘。盛盤，搭配和風油醋醬享用。

材料（容易製作的份量）
馬鈴薯 … 4 顆（約 600 克）
牛奶 ……………… 1～2 杯
奶油 ………………… 50 克
鹽 ……………… 約 1/2 小匙
培根（塊狀）………… 適量
粗粒黑胡椒（依個人喜好）
……………………… 適量

做法

❶ 馬鈴薯削皮，切成一口大小。放入鍋中倒水約略蓋過表面，以中火水煮。煮到竹籤能夠輕鬆刺穿的程度，將水倒掉，再次用中火加熱，稍微壓爛。熄火，趁熱用叉子或攪拌器混合成泥。

❷ 加入奶油攪拌均勻。一邊慢慢加入牛奶，一邊用較弱的中火加熱，調製成個人喜好的濃稠度。加鹽調味後盛盤。

❸ 培根切成 1 公分寬小塊，擺入平底鍋以中火煎烤。兩面都呈現焦色後，搭配馬鈴薯泥，依個人喜好撒上粗粒黑胡椒。

驚人的奶油份量，是好吃的關鍵。滑順濃郁的口感，讓人垂涎。

馬鈴薯

充滿了肉的鮮味與牛奶的濃郁。

秋

「不管多少都吃得下的誘人風味。放涼凝固的話，可以加牛奶恢復成泥狀。」

最近出現許多不同種類的馬鈴薯，讓料理的樂趣倍增。這兩道菜都適合含有豐富澱粉的男爵品種。馬鈴薯味濃厚，從樸實的滋味中感受到秋天的來臨。

馬鈴薯泥

1/4 份含 **311** 大卡、鹽 **1.4** 克

「我的馬鈴薯燉肉，比較像古早配菜的感覺。調味只用砂糖與醬油，但牛脂會讓味道更濃郁。」

馬鈴薯煮軟後再調味。最後才放肉，保存鮮味與柔嫩。

鬆軟馬鈴薯燉肉

1/3 份含 442 大卡、鹽 2.2 克

材料（容易製作的份量）
馬鈴薯（大）
……… 4 顆（約 600 克）
洋蔥（大） ……… 1 顆
胡蘿蔔 ………… 1 條
牛邊角肉 ……… 200 克
高湯（見 p.110） 約 2 杯
砂糖、醬油
…… 各 2 又 1/2 ～ 3 大匙
牛脂 ………… 10 克
（也可使用胡麻油 1 大匙）

做法

❶ 馬鈴薯削皮，切成 3 ～ 4 等份。洋蔥切成厚的扇形。胡蘿蔔削皮，切成一大口大小的滾刀。肉切成一大口大小。

❷ 使用直徑約 25 公分的湯鍋，放入牛脂以中火加熱，融化後，放入步驟 1 的蔬菜稍微翻炒。搖動湯鍋讓油脂布滿鍋底，高湯倒至不超過表面。煮沸後加砂糖，蓋上內蓋（見 p.5），以較弱的中火燉煮。

❸ 煮到竹籤能夠輕鬆刺穿馬鈴薯後，加入醬油，將肉散置於鍋中。不蓋鍋蓋，用較強的中火燉煮，不時翻炒，煮汁煮到快乾的程度熄火。連鍋一起放涼，等待入味，享用前再稍微重新加熱。

煎山藥三明治

1 份含 270 大卡、鹽 1.4 克

材料（容易製作的份量）
山藥 … 12 公分（約 250 克）
〈肉餡〉
　豬絞肉 ………………… 100 克
　洋蔥末 ………………… 1/4 顆份
　太白粉 ………………… 2 小匙
　酒、醬油 …… 各 1/2 小匙
　鹽 …………………… 2 小撮
　胡椒 …………………… 少許
〈醬汁〉
　醬油、蠔油 … 各 1/2 小匙
　砂糖 …………………… 2 小撮
　水 …………………… 2 大匙
太白粉 ………………… 適量
油 …………………… 2 小匙

做法

❶ 山藥洗淨吸乾水分，有鬚根的話，可以用瓦斯爐火直接燒斷。連皮切成 1 公分寬、12 等份的圓片。容器中放入肉餡的材料，用手混合揉捏至出筋，然後分成 6 等份。

❷ 山藥排在砧板上，單面撒上一層薄薄的太白粉，其中 6 片分別放上 1/6 份量的肉餡。剩下的山藥則是撒粉的面朝下疊在肉餡上夾住，用手壓緊。

❸ 平底鍋加入油，以較弱的中火加熱，擺入步驟 2，蓋上鍋蓋，兩面蒸烤各約 4 分鐘。呈現焦色後盛盤。同一口平底鍋倒入醬汁的材料，以中火加熱，攪拌至濃稠後淋在煎山藥三明治上。

肉餡容易散開，所以要用手確實壓緊。

透過煎烤讓香氣散發出來。

山藥

秋

山藥的特色是清脆的口感。我喜歡用最直接能夠享受這種口感的調理方式。切法也配合食譜下了一番工夫。

「清脆的山藥與多汁的肉餡十分合拍。甜甜的醬汁也是重點。」

山藥法式鹹薄餅

1 份含 133 大卡、鹽 0.6 克

材料（2 人份）

山藥	…10 公分（約 200 克）
披薩用起司	……………… 20 克
鹽	………………… 1 小撮
粗粒黑胡椒	………………… 少許
橄欖油	………………… 2 小匙

做法

❶ 山藥削皮，切成一半長度，切口朝下置於砧板上。就這樣在切面上用菜刀縱橫切出直立的短絲（這個方法不容易滑掉）。不用泡水。

❷ 平底鍋加入橄欖油，以中火加熱，將步驟 1 散置於鍋中，煎烤 3～4 分鐘，撒鹽。用盤子蓋住然後翻面，再次入鍋，表面整平。

❸ 撒上起司，煎到起司融化將全部材料連成一片。盛盤，撒上粗粒黑胡椒。

「比馬鈴薯味道清淡一點的鹹薄餅。不用擔心熟不了，短時間就能迅速做好。」

味噌豆乳燉菇

1 份含 196 大卡、鹽 1.1 克

材料（2 人份）

鴻喜菇	1/2 包（約 50 克）
杏鮑菇	1 朵（60～70 克）
金針菇	1/2 小包（約 50 克）
培根	2 塊
豆乳（成分無調整）	1 杯

〈太白粉水〉

太白粉	1 小匙
水	2 小匙
鹽	少許
味噌	1 小匙
橄欖油	1 大匙

做法

❶ 鴻喜菇切除菇根，大致剝開。金針菇切除根部，剝成容易入口的小束。杏鮑菇長度切半，縱切成 8 等份。培根切成 1 公分寬小塊。

❷ 平底鍋加入橄欖油，以中火加熱，放入菇類與培根翻炒。炒軟後加鹽。

❸ 加入豆乳，轉小火，味噌溶解後加入，燉煮約 1 分鐘。太白粉水的材料混合均勻後加入勾芡。

「豆乳燉菇是健康的料理。菇的鮮味與味噌的濃郁，就是味道的關鍵。」

菇類

適合搭配味道濃郁的奶油或味噌。

秋

雖然一年四季都可買到，但菇類具有深度的味道與香氣，還是要在秋天吃才更有感覺。可以當成主菜的炒菇、燉菇，也能當成常備菜，活用範圍廣泛。

牛肉炒完先暫時取出，用鍋內的油脂炒舞菇。最後再將肉放回鍋中，這樣就不會太硬。

奶油醬油炒舞菇與牛肉

1份含 **307** 大卡、鹽 **1.4** 克

材料（2 人份）

舞菇　2 小包（約 150 克）
牛邊角肉　‥‥‥‥　150 克
牛脂　1 塊（油 1 大匙亦可）
鹽　‥‥‥‥‥‥‥‥　適量
醬油　‥‥‥‥‥‥　1 小匙
奶油　‥‥‥‥‥‥　1 大匙
粗粒黑胡椒　‥‥‥‥　適量

做法

❶ 舞菇剝成一大口大小。牛肉切成容易入口的大小，撒鹽少許入味。

❷ 平底鍋加熱牛脂，以較弱的中火加熱。牛脂開始融化時，放入牛肉，炒至變色。若還有殘餘的牛脂則取出，牛肉暫時取出置於調理盤等容器。

❸ 平底鍋內的油脂不用清理，直接放入舞菇，以較強的中火翻炒。全部食材都沾到油之後，撒上鹽 1 小撮，翻炒至稍微變軟。

❹ 將牛肉放回鍋中，加入奶油，全部翻炒混合均勻。從鍋緣滴入醬油，快速翻炒。盛盤，撒上粗粒黑胡椒。

芋頭圓球可樂餅

1/4份含 **328** 大卡、鹽 **1.0** 克

材料（3～4人份）

芋頭　……5顆（約400克）
牛邊角肉　…………………100克
洋蔥末　………………1/2顆份
蛋液　………………………1顆份
橄欖油　……………………1小匙
鹽　………………………少許
砂糖、醬油　…………各1大匙
麵粉、麵包粉　………各適量
炸油　………………………適量

牛肉已經是甜辣風味，不需要另外的醬汁。

做法

❶ 牛肉剁碎。平底鍋加入橄欖油，以中火加熱，加入洋蔥與鹽，炒至透明，取出置於調理盤放涼。平底鍋的油汙擦拭乾淨，放入牛肉，以中火翻炒至變色。加入砂糖、醬油繼續翻炒，之後放涼。

❷ 芋頭洗淨，水分不用瀝乾，放入耐熱皿。蓋上保鮮膜，以微波爐加熱6分鐘左右，放置約2分鐘散去餘熱。稍微放涼後，用棉布包住來剝去外皮，放入容器攪拌至滑順泥狀。

❸ 步驟1與步驟2混合均勻，等份成12份，雙手沾水，一個個搓成圓球。按照麵粉、蛋液、麵包粉的順序沾取。炸油加熱至中溫（170～180℃，見p.5），圓球放入熱油中2～3分鐘，油炸至呈現金黃色。

芋頭

「油炸」後外表酥脆、內裡綿密，是魅力所在。

秋

雖然也喜歡簡單蒸熟，但最近更著迷的是「油炸」。內外口感的差異明顯，獨特的泥土香氣也更突出。

「酥脆與綿密的口感可以一次享用，非常豪華。是秋天到了就會想做、想吃的料理。」

「從冷油開始慢慢炸，內裡綿密，外表酥脆。淋上香橙口味的芡汁，是一道充滿清香的料理。」

乾炸芋頭佐香橙芡汁

1 份含 219 大卡、鹽 1.1 克

材料（2 人份）
芋頭（小）8 顆（約 400 克）
〈香橙芡汁〉
　高湯（見 p.110）⋯⋯1 杯
　太白粉　⋯⋯⋯1 又 1/2 小匙
　薄口醬油　⋯⋯⋯ 1/2 小匙
　鹽　⋯⋯⋯⋯⋯ 1/4 小匙
　綠香橙（黃香橙亦可）汁
　⋯⋯⋯⋯⋯⋯⋯⋯ 少許
綠香橙（黃香橙亦可）皮切絲
　⋯⋯⋯⋯⋯⋯⋯⋯ 適量
炸油　⋯⋯⋯⋯⋯⋯ 適量

做法

❶ 芋頭削皮，表面用乾棉布搓去汁液。

❷ 使用直徑約 20 公分的厚湯鍋，放入芋頭，倒入炸油，大概比蓋過材料再少一點的量（約 2 杯）。以小火乾炸約 20 分鐘。竹籤可以輕鬆穿刺芋頭後，撈起瀝乾盛盤。

❸ 除了香橙汁外，小湯鍋放入香橙芡汁的其他材料混合均勻。以中火加熱，不時攪拌煮約 2 分鐘，勾芡後加入香橙汁快速拌勻。淋在步驟 2 的芋頭上，放上切絲的香橙皮。

放上味噌蔥

乾炸芋頭也可以放上味噌蔥代替香橙芡汁。

大頭菜

搭配細緻溫和的甘甜調味。

大頭菜與柿子乾的沙拉

$1/3$ 份含 **108** 大卡、鹽 **0.4** 克

材料（2～3 人份）

大頭菜根部（大）
………… 2 顆（約 250 克）
柿子乾 …… 1 個（約 60 克）
鹽 ……………………… 1/4 小匙
白酒醋（一般醋亦可） 1 小匙
橄欖油 ………………… 1 大匙

做法

❶ 大頭菜削皮，縱切成半，再縱切成 4 公釐厚片狀。加入容器中撒鹽，放置約 10 分鐘。柿子乾去籽，撕成容易入口大小，或切成絲。

❷ 將柿子乾、白酒醋、橄欖油加入裝有大頭菜的容器拌勻。

用鹽醃過，再多也吃得下。柿子乾還可以改用金桔切絲來製作。

「生大頭菜與水果的酸甜十分合拍。可以做為解膩小菜，是餐桌上讓人放鬆的一品。」

若是小而柔嫩，一定要試試生吃沙拉或涼拌。若是大而結實，則是拿來燉煮。依照蔬菜的個性來使用。

「大頭菜直接切半，大塊連皮來煮。這樣不但煮得熟，也能保留口感。」

雞肉的油脂滲入大頭菜中，封鎖住大頭菜的鮮味，就會變得很好吃。

甜辣大頭菜
與雞肉

1/3 份含 303 大卡、鹽 1.5 克

材料（2～3 人份）
大頭菜根部（大）
………… 4 顆（約 500 克）
大頭菜葉 2 顆份（約 60 克）
雞腿肉 … 1 塊（約 250 克）
砂糖、醬油 各 1 又 1/2 大匙
鹽 …………………… 少許
油（玄米油等）（依個人喜好）
………………………… 2 大匙

做法

❶ 大頭菜根部連皮對切成半。大頭菜葉放入撒鹽的熱水中汆燙，撈起後放涼。擠乾水分切成 4 公分長。雞肉去除多餘的脂肪，切成一口大小。

❷ 湯鍋加入油，以中火加熱，擺入雞肉，兩面各煎 2 分鐘。等到雞肉變色，放入大頭菜根，搖動鍋子讓全部食材都沾到油脂。熄火，倒入蓋過表面的水量（3/4～1 杯），加入砂糖，再次以中火加熱。蓋上內蓋（見 p.5），再蓋上鍋蓋，燉煮 6～7 分鐘。

❸ 打開鍋蓋，加入醬油混合均勻，以較強的中火加熱，搖動鍋子煮到煮汁幾乎燒乾。盛盤，放上大頭菜葉。

栗子濃湯

1/4 份含 214 大卡、鹽 0.6 克

材料（3 ～ 4 人份）

栗子 …………………	300 克
地瓜（小）1/2 條	（約 120 克）
洋蔥 … 1/2 顆	（約 100 克）
奶油 …………………	20 克
牛奶 ………………	3/4 ～ 1 杯
鹽 …………………	2 小撮
鮮奶油（如果有的話）	少許

栗子用湯匙挖出果肉。依照栗子的大小與新鮮程度調整水煮時間。

「水煮栗子與地瓜一起打成泥，用牛奶稀釋。溫和的甜味溫暖你的心。」

做法

❶ 栗子用足夠的熱水以小火水煮 40 ～ 50 分鐘。稍微放涼後挖出果肉（約 200 克）。

❷ 地瓜削皮，切成薄圓片，用水浸泡 5 分鐘瀝乾。洋蔥縱切成薄片。

❸ 使用厚湯鍋，放入奶油與洋蔥，以中火加熱，翻炒至變軟。加入地瓜，倒水（約 250 毫升）約略蓋過表面，煮沸。轉小火，蓋上鍋蓋，燉煮約 10 分鐘。地瓜變軟後，步驟 **1** 的栗子保留裝飾用部分，其餘下鍋，再煮一會兒。

❹ 熄火，用手持攪拌器＊攪打至滑順，一邊打一邊少量加入牛奶。以小火加熱，煮沸前撒鹽調味。盛盤，放上裝飾用的栗子，如果有鮮奶油的話也可以淋一些。

＊如果使用果汁機或食物調理器，可以在稍微放涼後置於機器中攪拌，再倒回鍋中。

栗子

展現日本栗才擁有的自然甘甜。

秋

九月左右上市的新食材，同樣能夠讓人感受到秋天的氣息。我們家首先是會做成栗子飯，享受鬆軟的口感。光是日本栗才擁有的厚實甘甜，就讓人覺得心滿意足。

醬油風味栗子飯

1/4 份含 **399** 大卡、鹽 **1.3** 克

材料（3～4 人份）
栗子 ⋯⋯⋯⋯⋯⋯⋯500 克
米 ⋯ 1 又 1/2 杯（270 毫升）
糯米 ⋯⋯⋯1/2 杯（90 毫升）
醬油、酒 ⋯⋯⋯⋯各 1 大匙
鹽 ⋯⋯⋯⋯⋯⋯⋯ 1/2 小匙

做法

❶ 白米與糯米混在一起洗淨瀝乾。放入電鍋，注水至 2 杯的刻度，浸泡約 1 小時。栗子放入容器中，加入熱水蓋過表面，浸泡 10～15 分鐘後，外殼就會變軟。依照下方的步驟去除栗子殼與栗子衣，準備好淨重300 克的栗子果肉。加水蓋過表面浸泡約 15 分鐘。

❷ 電鍋加入醬油、酒、鹽，混合均勻。栗子撈起瀝乾置於米上，不要混合，照一般煮飯的方式煮好，煮完再攪拌均勻。

因為醬油樸實的味道，栗子衣沒剝乾淨也沒關係。把薄膜上有筋的部分拿乾淨就好。

「醬油的香氣呈現出樸實的風味。混了糯米，所以即使涼掉也不會乾硬，適合帶便當。」

剝栗子的方法

❶ 剝去外殼。首先將尾端（顏色不一樣的地方）切下薄薄一層。

❷ 從切開的地方插入菜刀刀刃，由下往上將外殼掀起剝去。

❸ 與去除外殼相同，由下往上剝去栗子衣（上面有著柔軟筋紋的薄膜）。

醬油煮地瓜

1/6 份含 **142** 大卡，鹽 **0.4** 克

「鬆軟甘甜的地瓜，只用砂糖與醬油燉煮調味。可以做成配菜也可以當招待客人的點心，是我們家的固定吃法。」

材料（容易製作的份量）
地瓜（大）　2 條（約 600 克）
砂糖、醬油　………　各 1 大匙

做法
❶ 地瓜洗淨，連皮切成 3 段，每段縱切等份成 6 條。用水浸泡約 10 分鐘後撈起瀝乾。

❷ 地瓜條散置於湯鍋中，加水（約 1 又 1/2 杯）至約略蓋過表面，加入砂糖與醬油。

❸ 蓋上鍋蓋，以中火加熱，煮沸後將中火轉弱，燉煮約 15 分鐘。竹籤能夠輕鬆刺穿地瓜後熄火，連鍋一起放涼入味。

＊連同湯汁一起放入密封容器中，可以冷藏保存約 5 天。

做成奶油乳酪沙拉

材料（2 人份）與做法

容器中放入「醬油煮地瓜」200 克，用叉子稍微壓碎。加入切成 6 ～ 7 公釐小塊的奶油乳酪 18 克，混合均勻。

也可以這樣吃

● 與豆乳一起放入果汁機攪拌，做成秋天的濃湯。

● 壓碎與果乾混合，做成沾醬。

● 做為配料與白飯混合。

根莖類與菇類等秋季蔬菜，不管是哪種，味道都很扎實。
使用的調味料也要是最少量的鹽、砂糖、醬油。光是這樣就很好吃了。

鹽漬菇類

1/6 份含 **10** 大卡，鹽 **1.0** 克

「使用好幾種菇類，增加味道的深度。濃縮了鮮味的醃汁，也要全部一起入菜。」

材料（容易製作的份量）
舞菇……………… 2 包（約 200 克）
新鮮香菇（大） 6 朵（約 100 克）
金針菇 ……… 1 包（約 100 克）
鹽 …………………………1 小匙

做法

❶ 舞菇剝成容易入口的小束。香菇切除菇柄，再切成 4～6 等份。金針菇切除根部，切成 3 段。

❷ 湯鍋裝滿足量熱水煮沸，放入步驟 1 快速水煮，用網杓撈起放入容器中。趁熱撒鹽快速拌勻，蓋上保鮮膜燜蒸一下。

❸ 稍微放涼後，如果菇類有出水，就連湯汁一起放入密封容器中（如果是耐熱的容器，也可以菇類煮好就直接放入，撒鹽燜蒸）。

＊放入密封容器中，可以冷藏保存約 5 天。

拌白蘿蔔泥

材料（2 人份）與做法

稍微擠去湯汁的白蘿蔔泥 100 克，加上連同醃汁的「鹽漬菇類」100 克，混合均勻。依個人喜好擠上檸檬汁，也可以淋上醬油。

也可以這樣吃

● 與豆腐一起煮成湯。

● 連醃汁一起使用，做為什錦飯的高湯。

● 與培根一起熱炒，做為義大利麵的配料。

入味的燉煮干貝與白蘿蔔

1/3 份含 65 大卡、鹽 1.1 克

材料（2～3 人份）
白蘿蔔　1/2 條（約 500 克）
水煮干貝罐頭（120 克裝）
‥‥‥‥‥‥‥‥‥‥‥‥‥ 1 罐
白蘿蔔葉　‥‥‥‥‥‥‥ 適量
砂糖　‥‥‥‥‥‥‥‥‥ 2 小匙
鹽　‥‥‥‥‥‥‥‥‥‥‥ 少許
醬油　‥‥‥‥‥‥‥‥‥ 1 大匙

做法

❶ 白蘿蔔削皮，任意切成大塊。湯鍋內放入白蘿蔔與連同湯汁一起的整罐干貝，加水至蓋過表面。加入砂糖，蓋上鍋蓋，以較弱的中火燉煮約 20 分鐘。白蘿蔔葉在加鹽的熱水中快速汆燙。擠乾水分，切成小塊。

❷ 竹籤能夠輕鬆穿刺白蘿蔔後，加入醬油。小心不讓白蘿蔔裂開，不時搖動湯鍋，燉煮約 15 分鐘至湯汁剩下約一半。盛盤，放上白蘿蔔葉。

因為先放了砂糖來燉煮，之後加的醬油就很容易入味。

「甜辣滋味滲入內裡的燉煮料理，非常適合冬天。干貝罐頭連湯汁一起加入，不需要另外的高湯就很美味。」

白蘿蔔

切成大塊，煮出具有口感的料理。

冬

到了天氣真正變冷的時候，花時間的白蘿蔔燉煮料理讓人食指大動。中段可以燉煮，下段可以熱炒，靠近葉子的部分則是拿來磨泥或做其他料理的搭配，不同部分有不同的使用方式。

82

「為了吃出白蘿蔔在冬天倍增的甜味，所以做成關東煮。搭配自己喜歡的辛香料來享用。」

冬天白蘿蔔關東煮

1份含 189 大卡、鹽 3.1 克

個人喜好的配料

湯汁調味清淡，可以選擇加上梅子味噌（照片上方）、蔥醬（照片中央），或薑泥（照片下方）。依照個人喜好完成調味，是我們家的做法。

材料（4 人份）

白蘿蔔　1/2 條（約 600 克）
水煮蛋⋯⋯⋯⋯⋯⋯⋯　4 顆
蒟蒻　⋯　1 塊（約 200 克）
竹輪麩　1 條（約 150 克）
昆布（也可使用日高昆布，
5×15 公分）
⋯⋯⋯⋯⋯　3 塊（約 10 克）
小魚乾　⋯⋯⋯⋯⋯⋯　10 克
鹽、醬油　⋯⋯　各 1/2 小匙
〈蔥醬〉
　柴魚片　⋯⋯⋯⋯⋯　5 克
　蔥末　⋯⋯⋯⋯　15 公分份
　醬油　⋯⋯⋯⋯⋯　2 大匙
〈梅子味噌〉
　味噌　⋯⋯⋯⋯1 又 1/2 大匙
　梅肉　⋯⋯⋯⋯⋯　1 顆份
薑泥　⋯⋯⋯⋯⋯⋯　1 片份

做法

❶ 先做白水高湯。小魚乾與昆布一起放入容器中，加水 1 公升。置於冰箱冷藏一晚，取出昆布與小魚乾。如果昆布太大片，可以先切成 3 公分寬長條後打結。

❷ 白蘿蔔切成 3 公分厚圓片，削去厚厚一層外皮。切面邊緣的稜角磨圓一圈，切面則用菜刀切出 1 公分深的十字（割線）。湯鍋中放入白蘿蔔，加入洗米水（或是水加上一把米）蓋過表面，以中火加熱。煮沸後將中火轉弱，煮至竹籤能夠輕鬆刺穿。撈起後每一塊仔細清洗，沖掉雜末。

❸ 蒟蒻切成 8 等份，用熱水煮約 3 分鐘。瀝乾稍微放涼後，單面切出格線。竹輪麩快速沖洗後切成 3 公分寬斜片。

❹ 砂鍋放入白蘿蔔、蒟蒻、竹輪麩，加水至蓋過表面，以中火加熱。煮沸後將中火轉弱，燉煮約 20 分鐘。期間若食材露出水面，可以加一些剩下的白水高湯。

❺ 加入昆布、水煮蛋、鹽、醬油，混合均勻，再煮約 10 分鐘，熄火。分別混合好蔥醬、梅子味噌的材料，再放一小盤薑泥，沾取自己喜歡的醬料來吃。

中式炒白菜

1/3 份含 196 大卡、鹽 1.6 克

材料（2～3 人份）

白菜葉	3 片（約 300 克）
小松菜	1/2 小把（約 100 克）
胡蘿蔔	1/3 條（約 50 克）
水煮竹筍	1 顆（約 80 克）
水煮鵪鶉蛋	5～6 顆
豬里肌薄肉片	100 克
薑絲	1 片份
鹽	適量
醬油	1 小匙
胡椒	少許
太白粉	2 小匙
胡麻油	1 大匙

用大鍋炒，不僅容易拌勻，食材也不會飛出去，相當方便。

做法

❶ 白菜每 5 公分切成一段，然後每段縱切成 1～2 公分寬條狀，菜葉與菜心分開。小松菜切除根部，再切成 3～4 公分長。胡蘿蔔削皮，切成 1.5 公分寬薄片。竹筍尖端和根部切開。尖端先縱切成半，再縱切成薄片。根部切成 1/4 圓的扇形薄片。豬肉切成容易入口的大小。太白粉以同量的水溶解，調成太白粉水。

❷ 大鍋加入胡麻油、薑絲與豬肉，撒鹽 1/4 小匙。以中火加熱翻炒，等到豬肉變色，放入白菜心、胡蘿蔔、竹筍，翻炒 1～2 分鐘。

❸ 放入白菜葉、小松菜、鵪鶉蛋，撒鹽 1/2 小匙，淋上醬油，用力翻炒混合均勻。等蔬菜炒軟出水，淋上太白粉水再次翻炒混合勾芡。熄火，撒上胡椒。

白菜

熱炒、水煮。充分享受蔬菜的甘甜。

冬

一顆沉甸甸的白菜，讓人感覺「變得好吃了呢！」冬天常常會在火鍋中看見，不過我也喜歡熱炒後水分飽滿的清脆口感。

「除了白菜之外也放入其他青菜，以冬季蔬菜為主角。活用蔬菜中的水分，不需要額外加水。」

白菜心做成
韓式涼拌小菜

**材料（容易製作的份量）
與做法**

白菜心（小）6 片份（約
250 克），切成 4 公分長
細絲，撒鹽 1/2 小匙混合均
勻，放置 15 分鐘。擠乾水
分，加入蒜泥、紅辣椒末各
少許，魚醬油（見 p.111，
也可使用魚露）1/2 小匙，
胡麻油 1 小匙調味。

白菜卷

1 份含 333 大卡、鹽 3.8 克

材料（2 人份）
白菜葉（小）
……… 8 片（約 450 克）
〈肉餡〉
　豬絞肉 ……… 250 克
　洋蔥末 ……… 1/4 顆份
　山藥泥 ……2 ～ 3 大匙
　鹽、醬油 … 各 1 小匙
　胡椒 ………… 少許
昆布高湯（見 p.110）
………………… 1 又 1/2 杯
薄口醬油、鹽 … 各少許

做法
❶ 白菜以 V 字形切除菜心，兩塊
菜心切成粗末（剩餘的見左方做
法）。菜葉以熱水快速汆燙，攤
開散置於篩子上放涼。

❷ 容器中放入肉餡的材料與切好
的菜心，用手混合拌揉至出筋，
分成 4 等份。切除菜心的白菜葉
攤開置於砧板上，2 片重疊，切
口部分左右交疊起來。1/4 份量
的肉餡橫置於菜葉靠近自己的這
端，從靠近的這端開始捲一卷。
左右的菜葉向內折，再繼續往前
捲。剩下部分也是相同捲法。

❸ 使用直徑 20 公分的湯鍋，步
驟 ❷ 的材料捲好後，開口朝下緊
密擺放入鍋。加入高湯，以中火
加熱，煮沸後蓋上鍋蓋，轉小火，
燉煮 30 ～ 40 分鐘。以薄口醬油、
鹽調味，連同湯汁一起盛盤。

「白菜慢火燉煮，充分享受甘甜風
味。肉餡滲出的鮮美湯汁，是讓人
想要一飲而盡的好滋味。」

炒菠菜與牡蠣

1 份含 178 大卡、鹽 2.3 克

材料（2 人份）

菠菜 …… 1 把（約 300 克）	
牡蠣（去殼）	
…… 8 ～ 10 顆（約 100 克）	
蒜片 ……………… 1 瓣份	
太白粉 …………… 適量	
蠔油 ……………… 1 大匙	
鹽、胡椒 ………… 各少許	
橄欖油 …………… 1 大匙	
奶油 ……………… 10 克	

做法

① 牡蠣用冷水清洗，以廚房紙巾確實吸乾水分。撒上一層薄薄的太白粉。菠菜切除根部，再切成 4 公分長小段，莖與葉分開。

② 平底鍋加入橄欖油，以中火加熱，牡蠣與蒜片入鍋擺好。煎烤 1 ～ 2 分鐘，呈現焦色後翻面，再煎烤 1 ～ 2 分鐘後暫時取出。

③ 稍微擦拭平底鍋的油汙，接著放入奶油與菠菜莖快速翻炒，然後加入菠菜葉再炒一下。將牡蠣與蒜片放回鍋中，加上蠔油、鹽、胡椒，快速翻炒。

菠菜・小松菜

一整把使用，做為主菜的配料。

「一整把菠菜，熱炒後份量會縮小很多，吃起來無負擔。因為容易出水，所以翻炒要迅速。」

冬

清晨摘取的新鮮青菜，是寒冬時節的一大樂趣。長在戶外的菠菜，葉子雖然很乾，但煮熟後會出現甜味。小松菜沒什麼菜味，搭配任何料理都很適合，是可以隨意使用的好食材。

「加入許多青菜，比只有肉的燒賣要來得清爽，但味道卻更有深度。一粒接一粒，筷子停不下來。」

蒸籠底部多半是鋪白菜葉，不過這裡是使用小松菜葉。與肉餡使用的部分合起來，剛好不浪費。

小松菜燒賣

1 份含 364 大卡、鹽 1.7 克

材料（4 人份）
小松菜 1 小把（約 200 克）
豬絞肉 …………… 400 克
燒賣皮 ……1 包（30 片）
洋蔥 1/2 顆（約 100 克）
鹽 ………… 2/3 ～ 1 小匙
太白粉、胡麻油
………… 各 1 又 1/2 大匙
醬油、辣椒醬、黑醋
（依個人喜好）… 各適量

做法

❶ 小松菜切除根部，葉與莖切開，1/2 份量的葉鋪在直徑 27 ～ 30 公分的蒸籠＊底部。蒸籠底下的大湯鍋，裝滿足量熱水煮沸，將小松菜的莖與剩下的葉依序放入煮至鮮綠。使用長筷取出，在篩子上散置放涼。鍋中熱水若有減少，可以加入適量的水補足，暫時熄火。

＊使用蒸鍋的話也是一樣做法。蒸煮時，鍋蓋用棉布包起。

❷ 洋蔥切碎。步驟 **1** 的小松菜將水擠乾切碎，然後再次將水擠乾。容器中放入絞肉、洋蔥、鹽、醬油、太白粉、胡麻油，加入小松菜攪拌混合均勻至出筋。

❸ 包燒賣。手掌放一片燒賣皮，用奶油刀挖比 1 大匙再多一些的肉餡放上。一邊壓住肉餡，一邊將燒賣皮握起，做出圓柱的形狀。表面輕輕整型。剩下的部分也用同樣手法包好，排列在蒸籠中，每粒之間要有間隔。

❹ 步驟 **1** 的大鍋再次以大火加熱，煮沸後架上蒸籠，蓋上蓋子，以大火蒸煮 7 ～ 8 分鐘。依個人喜好沾取醬油、辣椒醬、黑醋享用。

＊蒸好的燒賣擺入密封容器中，每粒之間要有間隔，不要黏在一起，可冷凍保存約 1 個月。要吃的時候直接冷凍取出，用蒸籠熱好即可。

蔥

活用甘甜滋味與柔嫩口感，成為料理的主角。

青蔥豬肉蓋飯

1 份含 600 大卡、鹽 1.9 克

材料（2 人份）

蔥 ………………………… 2 支
豬里肌薄肉片（也可使用豬邊角肉）
………………………… 150 克
白飯（茶碗） 2 碗份（約 300 克）
薑絲 ………………………… 1 片份
蛋黃 ………………………… 2 顆份
（也可使用市面現成的溫泉蛋 2 顆）
鹽 ………………………… 2 小撮
太白粉 …………………… 適量
魚醬油（見 p.111，也可使用魚露）
…………………… 1/2 大匙
粗粒黑胡椒 …………… 少許
胡麻油 …………………… 2 小匙

訣竅在於蔥縱切成 3 條。菜刀沿著纖維切開，保有清脆的口感。

做法

① 蔥包含綠色的部分，全部切成 4 ～ 5 公分長的小段，縱切成 3 條。豬肉切成容易入口的大小，撒鹽，單面撒上薄薄一層太白粉。

② 平底鍋加入胡麻油，以中火加熱，放入豬肉翻炒開來。變色後取出。

③ 同樣一口平底鍋放入蔥與薑絲，以中火翻炒。蔥有點變軟後，豬肉再次入鍋，淋上魚醬油混合均勻，熄火。放在熱騰騰的白飯上，加上蛋黃，撒上粗粒黑胡椒。

「幾乎不用特別出門採購就能做出來，需要時相當方便的蓋飯。如果不搭配白飯，可以當成〈豬肉炒青蔥〉單吃，也可以做為下酒菜。」

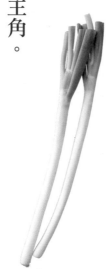

隨著天氣變冷，逐漸厚實又柔嫩的蔥。當季青蔥可以切碎生吃，或光是快速煮熟就很美味。不管是火鍋還是煮湯，都是不可或缺，整個冬天都非常活躍的蔬菜。日本大蔥粗且長；台灣的青蔥則較細小。

> 「蔥白細緻的口感，加上柚子胡椒清爽的辛辣，真是絕配。簡單的煎肉與大量的蔥，是我非常喜愛的組合。」

蔥白多多的
煎雞腿肉

<u>1 份含 **430** 大卡、鹽 **2.8** 克</u>

材料（2 人份）

蔥白 ⋯⋯⋯⋯⋯⋯⋯ 3 支份
雞腿肉（小）
⋯⋯⋯⋯ 2 塊（約 400 克）
柚子胡椒 ⋯⋯⋯ 1 ～ 2 小匙
鹽 ⋯⋯⋯⋯⋯⋯⋯ 2/3 小匙

做法

❶ 雞肉去除多餘脂肪。兩面撒鹽揉搓入味，置於室溫醃漬約 10 分鐘。取蔥白。蔥切成 4 ～ 5 公分長的小段，沿著纖維縱切至接近中心部分。將芯取出（芯的部分可以切碎用於煮湯或炒菜）。外側部分攤平重疊，從一端開始切成極細絲。泡水約 5 分鐘讓口感變清脆之後，瀝乾水分。

❷ 平底鍋不加油，雞皮朝下擺放入鍋，以中火加熱煎烤 7 ～ 8 分鐘。煎至酥脆呈現焦色後翻面，再煎烤 2 ～ 3 分鐘。取出後放置 2 ～ 3 分鐘，等待肉汁收乾。

❸ 容器中放入蔥白，加入柚子胡椒混合調味。雞肉切成容易入口的大小盛盤，放上蔥絲。

水煮綠花椰

1/3 份含 55 大卡、鹽 0.2 克

材料（2～3 人份）
綠花椰 … 1 棵（約 300 克）
鹽（粗粒） ……………… 適量
胡麻油 ……………… 2 小匙

可以用竹籤刺穿花莖，或是切一小塊吃吃看，決定要煮到怎樣的軟硬度。

做法

❶ 綠花椰的花球分成小朵，大朵的再縱切成半。花莖部分將根部切除，削掉厚厚一層外皮，切成一小口大小。

❷ 湯鍋裝入熱水 1 公升煮沸，加入鹽 1 又 1/2 小匙。綠花椰以花莖、花球的順序放入鍋中，水煮 1 分鐘 30 秒至 2 分鐘，依個人喜好的軟硬度即可。撈起瀝乾水分，淋上胡麻油。依照個人喜好搭配鹽沾取享用。

綠花椰

可以生硬，可以柔嫩，控制水煮的時間來享受這種變化。

冬

「依照個人喜好決定水煮時間，推薦趁熱淋上胡麻油或沾鹽。這種吃法能夠非常直接地感受蔬菜本身的風味。」

由秋入冬越長越茂盛，連花莖都可以煮得柔嫩的綠花椰。剛剛起鍋的美妙滋味，更是特別！最近我喜歡把綠花椰煮到很軟，加入沙拉或湯中。

綠花椰與
馬鈴薯的沙拉

1/3 份含 **275** 大卡、鹽 **1.4** 克

材料（2～3人份）
綠花椰
…………1棵（約300克）
馬鈴薯（大）
…………2顆（約300克）
紫洋蔥　1/4顆（約50克）
維也納香腸　…………4條
黑橄欖（無籽）……8粒
白酒醋　1～1又1/2大匙
鹽　……………………適量
粗粒黑胡椒　…………少許
橄欖油　……………2大匙

做法

❶ 綠花椰的花球分成小朵，大朵的再縱切成3～4等份。花莖部分將根部切除，削掉厚厚一層外皮，切成一小口大小。湯鍋裝入熱水1公升煮沸，加入鹽1又1/2小匙，放入綠花椰水煮4～5分鐘至變軟。撈起瀝乾水分，移至容器內，使用馬鈴薯壓泥器或叉子充分搗碎。紫洋蔥橫切成半，再縱切成薄片。

❷ 馬鈴薯削皮，切成一口大小。放入鍋中，加入水蓋過表面，以中火加熱。煮沸後再水煮12～13分鐘，等到竹籤能夠輕鬆穿刺後，倒掉鍋中熱水，再次以中火加熱。搖動湯鍋讓水分蒸發，並用馬鈴薯壓泥器或叉子充分搗碎。趁熱加入綠花椰與洋蔥，淋上白酒醋、撒鹽1/3小匙混合均勻。

❸ 香腸切成7～8公釐寬小塊，平底鍋不加油，放入以中火加熱，翻炒約2分鐘至呈現焦色。橄欖切成薄圓片。步驟❷加入香腸與橄欖，淋上橄欖油拌勻。試試味道，不夠味的話加上鹽少許混合均勻，盛盤撒上粗粒黑胡椒。

綠花椰與馬鈴薯要分別搗碎再混合，這樣才會均勻。

嶄新的吃法，卻又感到很親切。

冬

煎烤白花椰

1/3 份含 94 大卡、鹽 0.6 克

材料（2～3 人份）

白花椰 … 1 棵（約 250 克）
太白粉 …………………… 適量
鹽 …………………… 2 小撮
粗粒黑胡椒、帕瑪森起司
…………………… 各適量
橄欖油 ………… 1 又 1/2 大匙

切面撒上太白粉，可吸濕，讓口感酥脆。

做法

① 白花椰分成小朵。湯鍋裝滿足量熱水煮沸，放入白花椰，再次煮沸後繼續水煮 2 分鐘至 2 分鐘 30 秒。撈起瀝乾水分。縱切成 1 公分寬小塊，切口撒上薄薄一層太白粉。

② 平底鍋加入橄欖油，白花椰撒上太白粉的切面朝下擺放入鍋。撒鹽，以中火加熱，煎烤至呈現焦色後翻面，稍微再煎一下。

③ 盛盤，趁熱用削皮刀削一些帕瑪森起司放上，撒上粗粒黑胡椒。

「雖然切開可能會碎掉，但不規則的形狀還是很好吃。趁熱撒上現削的帕瑪森起司，開動了！」

不太有強烈的特色，味道溫和的白花椰。水煮後，煎烤、搗碎都可以。只要稍微改個念頭，就能遇見新的美味。

「搗碎的白花椰，口感鬆軟、入口即化，令人感到新鮮。除了可以塗在麵包上，也可以搭配肉類料理。」

白花椰泥

1/4 份含 **85** 大卡、鹽 **0.5** 克

材料（容易製作的份量）
白花椰　1 棵（約 250 克）
洋蔥　1/4 顆（約 50 克）
奶油（無鹽）*1　3 大匙
鹽 …………… 2 小撮
麵包（依個人喜好）適量

做法

❶ 白花椰的花球分成小朵，大朵的再縱切成 2 ～ 3 等份。洋蔥縱切成薄片。

❷ 使用厚湯鍋，放入白花椰、洋蔥、奶油、水 1/4 杯，蓋上鍋蓋，以中火加熱。煮沸後轉小火，蒸煮約 25 分鐘，熄火。

❸ 使用手持攪拌器 *2 攪拌至滑順。加鹽調味，混合均勻。塗在切片的麵包上。

＊1 使用有鹽奶油的話，另加的鹽量要減少。

＊2 如果使用果汁機或食物調理器，可以在稍微放涼後攪拌，加以調味。

牛蒡半敲燒

1/6 份含 **38** 大卡、鹽 **0.4** 克

材料（容易製作的份量）

牛蒡 ………………………… 200 克
A｜高湯（見 p.110） 1/2 杯
　｜醬油 …………… 2 大匙
　｜醋 ……………… 1 大匙
　｜砂糖 …………… 2 小匙
碎白芝麻 …………… 1/2 大匙
胡麻油 ……………… 1 小匙

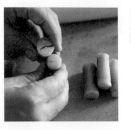

中央用 2 隻手指輕壓出凹陷。

做法

❶ 牛蒡連皮用菜瓜布洗淨，切成 5 公分長小段。太粗的再縱切成半。放入熱水中，以較弱的中火加熱約 10 分鐘，煮至竹籤能夠輕鬆穿刺。撈起後用擀麵棍輕輕敲打至中心出現裂痕。

❷ 胡麻油與牛蒡加入鍋中，以中火快速翻炒，全部食材都沾到油之後，加入 A 的材料。開始冒泡後蓋上內蓋（見 p.5），以較弱的中火燉煮約 10 分鐘至變軟。熄火，連鍋一起放涼入味。盛盤，撒上碎芝麻。發揮食材個性的食譜必定是樂趣多多。

「過年的時候也常常製作的一道解膩小菜。放置一晚入味，滋味更棒。」

牛蒡

連皮一起吃，享用濃郁的香氣。

冬

因為想要充分享受牛蒡獨特的香氣，所以我喜歡連皮一起使用。秋冬時節出現的厚實牛蒡，特色在於味道濃郁。

牛蒡漢堡排

1份含 **397** 大卡、鹽 **1.9** 克

材料（2 人份）

豬牛混合絞肉 ………200 克
牛蒡 ……………… 70 克
洋蔥末 …………… 1/4 顆份
麵包粉 …………… 2 大匙
牛奶 ……………… 2 大匙
A｜蛋黃 …………… 1 顆份
　（也可使用蛋液 1/2 顆份）
　｜醬油 ………… 1/3 小匙
　｜鹽 …………… 1/3 小匙
　｜胡椒 …………少許
白蘿蔔泥、青紫蘇葉、和風油
醋醬（依個人喜好）
………………………各適量
油 ………………… 2 小匙

做法

❶ 牛蒡連皮用菜瓜布洗淨，
削成粗絲。泡水約 5 分鐘撈
起，確實瀝乾水分。麵包粉加
入牛奶混合均勻。

❷ 容器中放入絞肉、牛蒡、
洋蔥、步驟 **1** 的麵包粉，及 **A**
的材料，確實混合均勻。分成
2 等份，兩手拋接數次將空氣
排出，整成橢圓形。

❸ 平底鍋加油，以中火加熱，
放入步驟 **2** 的材料，中央用 2
隻手指輕壓出凹陷。煎烤至呈
現焦色後翻面，加入水 2 大
匙，蓋上鍋蓋，蒸烤約 5 分鐘。
白蘿蔔泥擠乾水分。青紫蘇切
除葉柄，再切成絲。

❹ 用竹籤刺穿漢堡排中央，
肉汁呈現清澄狀態，便可以
盛盤（肉汁尚混濁的話再煎
1～2 分鐘）。放上白蘿蔔
泥與青紫蘇，依照個人喜好
淋上和風油醋醬。

牛蒡不用汆燙，直接
加入肉餡中。這樣反
而會更香。

簡易韓式白蘿蔔泡菜

1/5 份含 **35** 大卡，鹽 **0.9** 克

「白蘿蔔拌上濃郁味道的醬汁，就可輕鬆做出泡菜。配飯當然可以，下酒也很合拍。」

材料（容易製作的份量）

白蘿蔔 … 1/2 條（約 500 克）

〈醃漬醬汁〉

蒜泥	1 瓣份
薑泥	1 片份
粗蔥末	10 公分份
辣椒粉（也可使用豆瓣醬）	1～2 小匙
醬油	1 小匙
胡麻油	1 大匙
鹽	1 小匙

做法

❶ 白蘿蔔削皮，切成 1.5 公分方塊，撒鹽放置約 15 分鐘。

❷ 白蘿蔔出水後，用手確實擠乾。加上醬汁混合均勻。

辣味燒肉

材料（2 人份）與做法

❶ 牛小排（燒肉用）200 克切成 1 公分寬小條。加入酒 1 小匙與鹽少許搓揉入味。

❷ 平底鍋加入胡麻油 1 小匙，以中火加熱，翻炒牛肉。等肉變色後，加入「簡易韓式白蘿蔔泡菜」50 克，快速翻炒混合。

也可以這樣吃

- 與白飯、絞肉一起炒成炒飯。
- 做為火鍋或湯的配料。
- 大量放在韓式湯飯上。

冬季蔬菜中很有份量，也常常用不完的白蘿蔔與白菜。
我常做的是用鹽醃漬去除澀味，做成醬菜。在還缺一道菜的時候非常方便補足。

香橙鹽漬白菜

1/5 份含 **22** 大卡，鹽 **1.4** 克

「做了這道醃漬，就很有冬天真正來了的氣氛。重點在於上面要壓重物，讓白菜的水分確實排出。」

材料（容易製作的份量）
白菜 ⋯⋯ 1/4 棵（約 500 克）
香橙薄片 ⋯⋯ 1/2 顆份（去籽）
昆布（5×5 公分見方）⋯⋯1 塊
粗粒白砂糖（也可使用一般砂糖）
⋯⋯⋯⋯⋯⋯⋯⋯⋯⋯⋯⋯1 大匙
鹽 ⋯⋯⋯⋯⋯⋯⋯⋯⋯⋯2 小匙

做法

❶ 白菜切成容易入口的大小。置於容器中，撒鹽。用比容器直徑小一圈的盤子當成重物壓在上面，放置約 1 小時至出水。香橙薄片切半。昆布切絲。

❷ 等到排水差不多淹過表面，確實擠乾水分。加入粗粒白砂糖、昆布、香橙，快速混合均勻。再次壓上重物，放置半天。

＊放入密封容器中，可以冷藏保存約 4 天。

熱騰騰小火鍋的配料

材料（2 人份）與做法

❶ 嫩豆腐 1/2 塊（約 150 克）切成 1 公分厚片狀。炸豆皮 1 塊切成容易入口的大小。

❷ 小火鍋中加入高湯（見 p.110）1 又 1/2 杯煮沸。放入瀝乾湯汁的「香橙鹽漬白菜」150 克與步驟 ❶ 的材料。煮沸後再燉煮約 1 分鐘，依個人喜好淋上醬油等佐料享用。

也可以這樣吃

● 與豬肉一起快炒，做成下酒菜。

● 切碎與絞肉混合，做成煎餃。

● 與白身魚片一起下鍋快煮。

第三章
蔬菜＋常備食材，簡單又美味

辛苦買來的新鮮蔬菜，當然希望盡量在可口的時候吃掉。
想到「這菜得早點吃掉啊」的時候，
廚房或冰箱裡的常備食材總能助我一臂之力。
雞蛋、罐頭、魩仔魚乾、竹輪等，大家熟悉的食材，
都是鮮蔬佳餚中的得力配角。
稍微借用鮮味食材的力量，變出一道精巧美味的料理吧！

十

蛋

「雞蛋或鵪鶉蛋我都愛。只要有蛋，即使只用一種蔬菜也很安心。」

培根 午餐肉

「肉類加工品非常適合偏西式的料理。」

魚板 竹輪

「只要一點點，就能增加風味，是值得信賴的存在。」

醃梅子

「柔和的酸味與爽口的鹹味，畫龍點睛。」

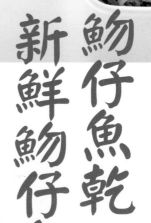

魩仔魚乾 新鮮魩仔魚

「魩仔魚乾可以炒到酥脆。鬆軟的新鮮魩仔魚則可加在涼拌小菜上點綴。」

胡蘿蔔絲炒蛋

1 份含 164 大卡、鹽 1.4 克

材料（2 人份）
胡蘿蔔（大）
⋯⋯⋯ 1 條（約 170 克）
雞蛋 ⋯⋯⋯⋯⋯⋯⋯ 2 顆
砂糖 ⋯⋯⋯⋯⋯ 1 小匙
鹽 ⋯⋯⋯⋯⋯⋯⋯ 適量
油 ⋯⋯⋯⋯⋯⋯⋯ 1 大匙

做法

❶ 胡蘿蔔削皮斜切薄片，再疊起來切成細絲。容器中打蛋攪散，加上砂糖與鹽 1 小撮混合均勻。

❷ 平底鍋加油，以中火加熱，加入蛋液大動作混合，呈現半熟狀後，倒回原本的容器中。

❸ 使用同一口平底鍋，加入胡蘿蔔，再次以中火加熱。撒鹽 2 小撮翻炒，變軟後將蛋倒回鍋中大動作混合，熄火。

「沖繩家庭料理〈胡蘿蔔絲炒蛋〉。我喜歡用菜刀把材料切得很細，讓口感變得更好。」

十 蛋

加上蔬菜的「炒蛋」，在我們家是擁有無限變化的餐桌經典料理。不管是哪種蔬菜，雞蛋都會溫柔地包覆起來，是非常具有包容力的食材。

鵪鶉蛋炒小松菜

1 份含 141 大卡、鹽 1.2 克

材料（2 人份）

小松菜
………… 1 小把（約 200 克）
水煮鵪鶉蛋 ………… 8 顆
鹽 ………………… 2 小撮
胡椒 ………………… 少許
油 ………………… 1 大匙

做法

❶ 小松菜切除根部，再切成 5 公分長小段，莖與葉分開。鵪鶉蛋瀝乾水分。

❷ 平底鍋加油，以中火加熱，放入小松菜莖翻炒。全部食材都沾到油之後，灑鹽快速翻炒。加入葉子，等全部都變軟後大動作混合，加入鵪鶉蛋，翻炒至蛋變熱。盛盤，撒上黑胡椒。

「放了許多我最愛的鵪鶉蛋。這是我最近相當滿意的搭配。」

「清脆的白菜與鬆軟的炒蛋搭配起來頗為平衡。魚醬油的鮮味是關鍵。」

樸實的雞蛋炒白菜

1 份含 171 大卡、鹽 1.2 克

材料（2 人份）

白菜葉 …3 片（約 300 克）
雞蛋 ………………… 2 顆
砂糖 ………… 1 又 1/2 小匙
醬油 ………………… 1/2 小匙
魚醬油（見 p.111，也可使用魚露）………… 1/2 小匙
鹽、粗粒黑胡椒 ……各少許
油 ………………… 1 大匙
胡麻油 ……………… 少許

做法

❶ 白菜縱切成半，再切成 1 公分寬條狀。容器中打蛋攪散，加入砂糖、醬油混合。

❷ 平底鍋加油，以中火加熱，加入蛋液大動作混合，呈現半熟狀後，倒回原本的容器中。

❸ 使用同一口平底鍋，加入胡麻油，以中火加熱，放入白菜撒鹽，翻炒約 2 分鐘。白菜稍微變軟後，淋上魚醬油，將蛋倒回鍋中快速混合，熄火。盛盤，撒上粗粒黑胡椒。

材料（2 人份）
高麗菜葉（大）
⋯⋯⋯⋯⋯⋯⋯ 6 ～ 8 片
培根（塊） ⋯⋯ 120 克
鹽 ⋯⋯⋯⋯⋯ 1/4 小匙
粗粒黑胡椒 ⋯⋯⋯ 適量

做法

❶ 湯鍋裝入熱水煮沸，
高麗菜葉一片一片水煮，
撈起瀝乾水份。培根切成
12 等份的棒狀。高麗菜
葉以 V 字形切除菜心，將
菜心切成薄片。

❷ 高麗菜葉 1 片，菜心切除的部分
朝向自己，將葉子攤開，切口部分左
右交疊起來。2 塊培根與 1/6 份量的
菜心橫置於菜葉靠近自己的這端，從
靠近的這端開始捲一捲，左右的菜葉
向內折，再繼續往前捲。同樣的捲法
處理剩下 5 份。

❸ 使用直徑約 18 公分的湯鍋，步驟
2 的材料捲好後，開口朝下緊密擺放
入鍋，剩下的菜葉捲一捲塞入空隙。
加入約略蓋過表面的水，以中火加
熱，煮沸後蓋上內蓋（見 p.5），以
小火燉煮約 20 分鐘。加鹽，再燉煮
約 10 分鐘。盛盤，撒上粗粒黑胡椒。

高麗菜心也切成薄片包
進去，才不會浪費。

緊密排列在鍋中，不要
有縫隙，才不會變形。

「這是從小吃到大，我媽媽的味道。雖然比包絞肉還要簡單，但也更能享受高麗菜本身的甘甜。」

肉類加工品不只是早餐，準備晚餐或下酒菜時也很實用。培根如果使用一整塊，就會是足夠份量的配菜。

我們家的高麗菜卷

1 份含 289 大卡、鹽 1.8 克

焗烤午餐肉馬鈴薯

1/4 份含 **399** 大卡、鹽 **1.0** 克

材料（3～4 人份）

馬鈴薯 … 3～4 顆（約 500 克）
午餐肉罐頭（100 克裝）⋯⋯⋯ 1 罐
鮮奶油 ⋯⋯⋯⋯⋯⋯⋯⋯⋯⋯ 1 杯
披薩用起司 ⋯⋯⋯⋯⋯⋯ 70 克

做法

❶ 烤箱預熱至 200℃。馬鈴薯削皮，切成薄圓片。

❷ 午餐肉用湯匙取少量，馬鈴薯薄片夾住，在耐熱皿中排列。

❸ 淋上鮮奶油，撒上披薩用起司。在攝氏 200℃ 的烤箱中烤約 25 分鐘，至呈現焦色，竹籤能夠輕鬆刺穿馬鈴薯。

切成薄片的馬鈴薯夾上少量午餐肉，整體的鹹味便會足夠。

夾了午餐肉的馬鈴薯豎立排列，受熱均勻，容易熟透。

十
鮹仔魚乾
新鮮鮹仔魚

因為住在三浦半島，所以成為當地鮹仔魚乾與新鮮鮹仔魚的俘虜。曬乾的鮹仔魚炒起來酥脆又好吃，水煮鮹仔魚直接放在蔬菜上更是我的愛。

「白花椰不要煮那麼軟。鮹仔魚乾與甜醋的組合，搭配其他水煮蔬菜也很好吃。」

白花椰和風沙拉

1/3 份含 **119** 大卡，鹽 **1.1** 克

材料（2～3人份）
白花椰 …1棵（約250克）
鮹仔魚乾 …………… 1/2 杯
〈甜醋〉
醋 ………… 1 又 1/2 大匙
砂糖、醬油 … 各 1 大匙
醋 …………………適量
橄欖油 ………… 2 大匙

做法

❶ 白花椰的花球分成小朵，大朵的再縱切成 3 ～ 4 等份。甜醋的材料混合均勻。

❷ 湯鍋裝滿足量熱水煮沸，加醋（比例大約是熱水 1 公升對上醋 1/2 大匙）。放入白花椰，再次煮沸後繼續水煮 2 分鐘至 2 分鐘 30 秒。撈起瀝乾水份，盛盤。

❸ 另一口湯鍋（也可使用平底鍋）加入橄欖油與鮹仔魚乾，以中火加熱翻炒。等到全部都呈現焦色，變得酥脆，連油一起倒在白花椰上。淋上甜醋（份量依個人喜好）享用。

「汆燙櫛瓜絲，做成一道具有口感的小菜。最後淋上的橄欖油，量一定要足夠。」

櫛瓜與魩仔魚拌檸檬油

1 份含 **83** 大卡、鹽 **1.2** 克

材料（2 人份）

櫛瓜 ⋯⋯1 條（約 150 克）
水煮魩仔魚（也可使用熟魩仔魚）⋯⋯⋯⋯⋯ 2 ～ 3 大匙

A | 鹽 ⋯⋯⋯⋯⋯ 1/3 小匙
　 | 檸檬汁 ⋯⋯⋯⋯ 2 小匙
　 | 胡椒 ⋯⋯⋯⋯⋯ 少許
　 | 橄欖油 ⋯⋯⋯⋯ 1 大匙
橄欖油⋯⋯⋯⋯⋯⋯⋯ 適量

做法

❶ 櫛瓜切除蒂頭，斜切成薄片後切成細絲。容器中依序加入 A 的材料混合均勻。

❷ 湯鍋裝滿足量熱水煮沸，放入櫛瓜汆燙約 20 秒撈起。趁熱放入步驟 **1** 的容器中混合，盛盤。放上魩仔魚，淋上橄欖油。

鹽炒蓮藕與魩仔魚乾

1 份含 **112** 大卡、鹽 **1.2** 克

材料（2 人份）

蓮藕 ⋯⋯1 節（約 200 克）
魩仔魚乾 ⋯⋯⋯⋯⋯ 2 大匙
鹽 ⋯⋯⋯⋯⋯⋯⋯ 1/3 小匙
酒 ⋯⋯⋯⋯⋯⋯⋯ 2 小匙
胡麻油 ⋯⋯⋯⋯⋯ 2 小匙

做法

❶ 蓮藕削皮，縱切成半，再切成半圓形薄片。泡水約 5 分鐘，瀝乾水分。

❷ 湯鍋（也可使用平底鍋）放入胡麻油與蓮藕，以較弱的中火加熱。蓮藕翻炒至熱鍋完成，加入酒與鹽，翻炒至蓮藕呈現透明狀。加入魩仔魚乾，再快速翻炒一下。

「蓮藕切成薄片，享受清脆的口感。撒鹽調味，整道菜看起來白白淨淨，非常清爽美麗。」

梅子風味茄

1/3 份含 **30** 大卡，鹽 **1.2** 克

「適合暑熱季節，清爽風味的燉煮料理。醃梅子連籽一起放入，提出鮮味，增加深度。」

繼承自母親手藝的自家製醃梅子，可以代替調味料來使用。原本只有蔬菜會顯得平淡的料理，搭配醃梅子就是畫龍點睛。

材料（2～3人份）
茄子 ……5 顆（約 400 克）
醃梅子（鹽分 15% 左右）
…………… 1 顆（約 20 克）
高湯（見 p.110）
………………… 1 又 1/2 杯
薄口醬油 … 1/3 ～ 1/2 大匙
鹽 …………………少許

茄子抹鹽搓揉後泡水，
去除澀味並防止變色。

做法
❶ 茄子在蒂頭下方用菜刀割出淺淺一圈。從切口的部分用手剝開，以削皮刀削去薄薄一層外皮，表面撒鹽搓揉，泡水約 5 分鐘。

❷ 瀝乾茄子水分擺放入鍋，倒入高湯，醃梅子稍微壓破連籽一起入鍋，以中火加熱。煮沸後蓋上內蓋（見 p.5），將中火轉弱，燉煮約 10 分鐘。

❸ 竹籤能夠輕鬆刺穿茄子後，試試味道，加入薄口醬油，快煮一下。熄火後連鍋一起放涼入味。連同湯汁一起盛盤。

蔥末梅子杏鮑菇

1 份含 **36** 大卡、鹽 **0.8** 克

材料（2 人份）
杏鮑菇（小）
……………… 2 朵（約 100 克）
梅子肉（鹽分 15% 左右）
……… 1/2 顆份（約 10 克）
蔥末 …………… 10 公分份
味醂、薄口醬油 ……各少許
油 ………………… 1 小匙

做法

❶ 杏鮑菇切成一半長度，再縱切成半，然後縱切薄片。梅肉用菜刀剁一剁，放入大容器中，與蔥末混合均勻。

❷ 湯鍋裝入熱水煮沸，放入杏鮑菇水煮 1 ～ 2 分鐘，瀝乾水分。趁熱加入步驟 **1** 的容器混合均勻，加入味醂、薄口醬油調味。最後淋上油拌勻。

「口感滑溜的杏鮑菇，拌上梅肉與蔥末，非常適合做為下酒菜的一道料理。」

梅子炒馬鈴薯

1 份含 **171** 大卡、鹽 **1.2** 克

材料（2 人份）
馬鈴薯 …2 顆（約 250 克）
醃梅子（鹽分 15% 左右）
………… 1 顆（約 20 克）
橄欖油 ……… 1 又 1/2 大匙

做法

❶ 馬鈴薯削皮切成 1 公分厚圓片，放入耐熱皿中，蓋上保鮮膜。以微波爐加熱約 5 分鐘至竹籤可以輕鬆刺穿。連容器一起放涼

❷ 醃梅子去籽，用菜刀剁一剁。平底鍋加入橄欖油，以中火加熱，馬鈴薯擺放入鍋，兩面分別煎烤 2 分鐘至呈現焦色。加上梅肉稍微翻炒，混合均勻。

「鬆軟的馬鈴薯，與梅子意外合拍。調味使用梅肉就好，非常簡單。」

魚板與竹輪的使用方法，我隨便都可以想到千百種，所以一直都很喜愛。奇特的切法會帶給人嶄新的感覺，大家一定要試試看。

「水煮青菜，與海苔、胡麻油融合的好滋味。也非常適合出現在中式或韓式料理的菜單上。」

菠菜拌海苔

1份含 45 大卡，鹽 0.4 克

材料（2 人份）

菠菜 …1 小把（約 200 克）
魚板 …………1 ～ 2 公分厚
烤海苔（全張） …… 1/4 片
醬油 ………………… 1/2 小匙
鹽 …………………………適量
胡麻油 ……………… 1 小匙

做法

❶ 菠菜切除根部，將菠菜從根的那頭放進加了少許鹽的熱水中。接著取出浸泡冷水，瀝乾水分。切成 4 公分長小段，淋上醬油放置約 3 分鐘。

❷ 魚板先切成 2 公釐薄片，再縱切成 1 公分寬小條。再次擠乾菠菜水分，放入容器中。加入魚板、胡麻油、鹽少許，混合均勻。享用之前將烤海苔撕成小塊放入拌勻。

山藥磯邊炸物

1 份含 **203** 大卡，鹽 **0.9** 克

材料（2 人份）

日本山藥（大和芋或銀杏芋）
 ………………………… 1/2 塊
烤海苔（全張） ……… 1 片
竹輪（小） ………… 1 條
鹽 ………………… 1 小撮
白蘿蔔泥（依個人喜好）
 …………………………… 適量
炸油 …………………… 適量

「光是綿密又鬆軟的口感就很好吃了。加上切碎的竹輪更是讓人讚不絕口。」

做法

❶ 竹輪縱切成 4 等份，再切成 5 公釐寬小塊。山藥用瓦斯爐火直接燒斷鬚根。洗淨後擦乾，連皮一起磨泥。加入竹輪與鹽混合均勻。

❷ 海苔切成 6 ～ 8 等份。炸油加熱至中溫（170 ～ 180℃，見p.5）。用湯匙舀出步驟 **1** 的 1/8 ～ 1/6 份量，置於海苔上，海苔對折包住內餡，夾住兩端放入油鍋。油炸 1 ～ 2 分鐘至呈現淺焦色，取出瀝乾油分，盛盤。依照個人喜好附上白蘿蔔泥。

每天煮飯不可或缺。 我們家的白水高湯

材料（水 2 公升的相對份量）

柴魚高湯
柴魚片（盡量選大片的）
………… 2 小撮（約 15 克）

柴魚＋昆布高湯
柴魚片 … 1 小撮（約 8 克）
昆布（15×5 公分）
………… 1 塊（約 10 克）

昆布高湯
昆布（15×5 公分）
………… 2 塊（約 20 克）

小魚乾高湯
小魚乾 …… 15 尾（約 20 克）

飛魚高湯
烤飛魚 …………… 3 ～ 4 尾

做法
容量 2 公升的冷水壺中，加入上記的材料 1 ～ 2 種，倒入水即可。放入冰箱冷藏一晚（6 ～ 12 小時），白水高湯便完成了。柴魚片、昆布、飛魚等材料，可以搭配心情或烹煮的料理來使用。睡前或出門前，在煮飯之外的時間養成製作的習慣，之後便可輕鬆烹煮。方法簡單不複雜，高湯味道清爽無雜味，使用起來很方便。

大致保存期限
冷藏保存約 2 天。

「用剩的高湯材料」
白水高湯用完後，用剩的高湯材料不要丟掉。可以取出放入湯鍋中，再加 2 公升的水煮開，就成為二次高湯。一次高湯可以製作浸物等直接享受高湯味道的料理，二次高湯則適合用於味噌湯、一般湯品、火鍋等料理。

光澤度與濃郁度與眾不同。
松本的濃口醬油

位於長野縣松本市，家族經營製造的大久保釀造店，每年 4～6 月限定釀造的，就是這款濃口醬油。釀造需 3 年時間，口感圓潤，味道深厚。用來煮馬鈴薯燉肉等燉煮料理，會呈現美麗的光澤。基本上，我家先生只要吃生魚片，就一定要用這瓶醬油！（笑）

也可以代替高湯。
藤澤的魚醬油

想提升蔬菜料理的鮮味，我會用魚醬油代替高湯。魚醬油與泰國魚露、越南水蘸汁屬於同類，使用方法也相同。我愛用的是「鵠沼魚醬」。沒有腥味，卻很濃郁。據說是使用湘南片瀨漁港趁新鮮鹽漬而成的現捕沙丁魚。因為全手工製作，生產數量有限，如果看到一定會買，非常喜歡。

容易使用的萬能油。
沒有特殊味道的玄米油

這幾年我所珍視重用，米糠榨取的油。清淡爽口的味道，不會干擾到蔬菜原本的風味，是吸引我的重點。我會拿來炒菜、調製沙拉醬，取代沙拉油用在所有的料理上。尤其是油炸，油炸時不太起泡，炸出來的食材也很酥脆。

突顯蔬菜的鮮味。
沖繩的鹽

調味的關鍵──鹽。一直以來嘗試過許多不同的鹽，最近多半都是用這種，沖繩粟國村近海汲取的海水煮出的鹽。能夠突顯出蔬菜的鮮味，味道很溫和。每年我們家自己做的味噌，還有女兒便當裡一定會放的鹽味三角飯糰，都會使用這種鹽。

封面的食譜

綠色蔬菜沙拉

1/6 份含 **108** 大卡，鹽 **0.5** 克

材料（4～6 人份）與做法

❶ 白花椰 1 棵，花球分成小朵，切成容易入口的大小。花莖削掉厚厚一層外皮，切成一小口大小。高麗菜芽 5 個縱切成半。高麗菜 1/8 顆切成一口大小。小松菜 1/2 把切除根部，再切成 4 公分長小段。

❷ 湯鍋裝滿足量熱水煮沸，加入鹽少許。放入高麗菜芽水煮約 10 分鐘，用網杓撈起，接著放入綠花椰與高麗菜水煮約 2 分鐘，同樣撈起。最後放入小松菜快速汆燙撈起。所有的蔬菜都移至容器中。

❸ 平底鍋加入橄欖油 4 大匙與壓碎的蒜頭（大）1 瓣份，以小火翻炒。蒜頭呈現焦色後，加入切碎的鯷魚 4～5 塊翻炒至融化。趁熱放入步驟 **2** 的容器拌勻，試試味道，加入鹽少許。

油菜花散壽司，見 P.34

香噴噴的菇類與茄子火鍋，見 P.10

甜豆與竹輪的什錦雞蛋蓋飯，見 P.40

Cook 50217

四季蔬菜力

煎煮炒炸蒸，搭配常備食材、高湯，
簡單蔬菜口味變化多

料理	飛田和緒
譯者	徐曉珮
美術設計	許維玲
編輯	劉曉甄
校對	翔縈
企畫統籌	李橘
總編輯	莫少閒
出版者	朱雀文化事業有限公司
地址	台北市基隆路二段 13-1 號 3 樓
電話	02-2345-3868
傳真	02-2345-3828
劃撥帳號	19234566 朱雀文化事業有限公司
e-mail	redbook@hibox.biz
網址	http://redbook.com.tw
總經銷	大和書報圖書股份有限公司 02-8990-2588
ISBN	978-626-7064-03-0
初版一刷	2021.12
定價	350 元
出版登記	北市業字第1403號

全書圖文未經同意不得轉載
本書如有缺頁、破損、裝訂錯誤，請寄回本公司更換

GANBARANAI, MURISHINAI ICHIBAN OISHII YASAI NO TABEKATA
© ORANGE PAGE 2020
Originally published in Japan in 2020 by TheOrangepage Inc.,TOKYO.
translation rights arranged with TheOrangepage Inc.,TOKYO,
through TOHAN CORPORATION, TOKYO and LEE's Literary Agency, TAIPEI.

國家圖書館出版品預行編目

四季蔬菜力：煎煮炒炸蒸，搭配常
備食材、高湯，簡單蔬菜口味變化
多／飛田和緒‧料理. -- 初版. --
臺北市：朱雀文化，2021.12
面；公分 --（Cook；50217）
ISBN 978-626-7064-03-0（平裝）
1. 食譜

427.31   110019670

About 買書：

●朱雀文化圖書在北中南各書店及誠品、金石堂、何嘉仁等連鎖書店均有販售，如欲購買本公司圖書，建議你直接
詢問書店店員。如果書店已售完，請撥本公司電話 02-2345-3868。

●●至朱雀文化網站購書（http://redbook.com.tw），可享 85 折優惠。

●●●至郵局劃撥（戶名：朱雀文化事業有限公司，帳號 19234566），掛號寄書不加郵資，4 本以下無折扣，5
～ 9 本 95 折，10 本以上 9 折優惠。